走进大学
DISCOVER UNIVERSITY

什么是
林学？

WHAT
IS
FORESTRY?

U0244450

张凌云　张新娜　编著

大连理工大学出版社
Dalian University of Technology Press

图书在版编目(CIP)数据

什么是林学？/ 张凌云，张新娜编著. -- 大连：
大连理工大学出版社，2023.1
ISBN 978-7-5685-3979-1

Ⅰ.①什… Ⅱ.①张… ②张… Ⅲ.①高等学校－林
学－专业－介绍 Ⅳ.①S7

中国版本图书馆 CIP 数据核字(2022)第 229860 号

什么是林学？　SHENME SHI LINXUE？

策划编辑:苏克治
责任编辑:于建辉　　白　璐
责任校对:李宏艳
封面设计:奇景创意

出版发行:大连理工大学出版社
　　　　　(地址:大连市软件园路 80 号,邮编:116023)
电　　话:0411-84708842(发行)
　　　　　0411-84708943(邮购)　0411-84701466(传真)
邮　　箱:dutp@dutp.cn
网　　址:https://www.dutp.cn

印　　刷:辽宁新华印务有限公司
幅面尺寸:139mm×210mm
印　　张:5
字　　数:84 千字
版　　次:2023 年 1 月第 1 版
印　　次:2023 年 1 月第 1 次印刷
书　　号:ISBN 978-7-5685-3979-1
定　　价:39.80 元

本书如有印装质量问题,请与我社发行部联系更换。

出版者序

高考，一年一季，如期而至，举国关注，牵动万家！这里面有莘莘学子的努力拼搏，万千父母的望子成龙，授业恩师的佳音静候。怎么报考，如何选择大学和专业，是非常重要的事。如愿，学爱结合；或者，带着疑惑，步入大学继续寻找答案。

大学由不同的学科聚合组成，并根据各个学科研究方向的差异，汇聚不同专业的学界英才，具有教书育人、科学研究、服务社会、文化传承等职能。当然，这项探索科学、挑战未知、启迪智慧的事业也期盼无数青年人的加入，吸引着社会各界的关注。

在我国，高中毕业生大都通过高考、双向选择，进入大学的不同专业学习，在校园里开阔眼界，增长知识，提升能力，升华境界。而如何更好地了解大学，认识专业，明晰人生选择，是一个很现实的问题。

为此，我们在社会各界的大力支持下，延请一批由院士领衔、在知名大学工作多年的老师，与我们共同策划、组织编写了"走进大学"丛书。这些老师以科学的角度、专业的眼光、深入浅出的语言，系统化、全景式地阐释和解读了不同学科的学术内涵、专业特点，以及将来的发展方向和社会需求。希望能够以此帮助准备进入大学的同学，让他们满怀信心地再次起航，踏上新的、更高一级的求学之路。同时也为一向关心大学学科建设、关心高教事业发展的读者朋友搭建一个全面涉猎、深入了解的平台。

我们把"走进大学"丛书推荐给大家。

一是即将走进大学，但在专业选择上尚存困惑的高中生朋友。如何选择大学和专业从来都是热门话题，市场上、网络上的各种论述和信息，有些碎片化，有些鸡汤式，难免流于片面，甚至带有功利色彩，真正专业的介绍尚不多见。本丛书的作者来自高校一线，他们给出的专业画像具有权威性，可以更好地为大家服务。

二是已经进入大学学习，但对专业尚未形成系统认知的同学。大学的学习是从基础课开始，逐步转入专业基础课和专业课的。在此过程中，同学对所学专业将逐步加深认识，也可能会伴有一些疑惑甚至苦恼。目前很多大学开设了相关专业的导论课，一般需要一个学期完成，再加上面临的学业规划，例如考研、转专业、辅修某个专业等，都需要对相关专业既有宏观了解又有微观检视。本丛书便于系统地识读专业，有助于针对性更强地规划学习目标。

三是关心大学学科建设、专业发展的读者。他们也许是大学生朋友的亲朋好友，也许是由于某种原因错过心仪大学或者喜爱专业的中老年人。本丛书文风简朴，语言通俗，必将是大家系统了解大学各专业的一个好的选择。

坚持正确的出版导向，多出好的作品，尊重、引导和帮助读者是出版者义不容辞的责任。大连理工大学出版社在做好相关出版服务的基础上，努力拉近高校学者与读者间的距离,尤其在服务一流大学建设的征程中,我们深刻地认识到,大学出版社一定要组织优秀的作者队伍,用心打造培根铸魂、启智增慧的精品出版物,倾尽心力,服务青年学子,服务社会。

"走进大学"丛书是一次大胆的尝试,也是一个有意义的起点。我们将不断努力,砥砺前行,为美好的明天真挚地付出。希望得到读者朋友的理解和支持。

谢谢大家!

苏克治

2021 年春于大连

前　言

　　森林是人类的朋友,亦是人类诞生的摇篮。这个摇篮以自己生产的各种产品孕育了人类,同时也因为人类的贪婪和挥霍无度时不时惩罚着人类。人类的文明与发展与人类对森林的认知、开发和利用息息相关。是做一个纯粹的索取者,不断向森林索取木材及各种林产品,还是索取有度、回馈有余,从而实现永续发展? 这是一个值得每个人思考的问题。可以说,人类对待森林的态度,亦是大自然对待人类的态度。只不过森林作为长周期生长物种,千年的时间对其也许只是白驹过隙,而对人类而言已是多个朝代更迭,物是人非,因此其对人类的报复和惩罚多是前人犯错后人承担。殊不知历史上的黄河也曾经碧水长流,植被稀疏的黄土高原和太行山脉也曾经有莽莽丛林,正是人类的贪婪和不断索取才导致森林消失,水土流失,泥沙泛滥,长江黄河水患频繁。

我们的祖先对于森林的利用主要是狩猎和采集,多地考古出土的距今 5000～7000 年的遗址中发现了人类对核桃、枣、榛子、桑、板栗等利用的痕迹,说明在农耕技术出现之前人类赖以生存的食物主要是取自森林的木本粮食。这在《诗经》中也有大量的记载和浪漫体现,如"摽有梅,其实七兮""于嗟鸠兮,无食桑葚""投我以木瓜,报之以琼琚""丘中有李,彼留之子",可见当时人类对这些果实的认知和利用已经不是满足基本的生存需求,而是上升到精神层面,甚至是爱情的象征了。

农耕文明的兴起,开启了人类对森林有序利用的阶段,人类在森林培育、采伐、木材加工、兴造技术等方面都取得了很大的进展,促进了木建筑、园林、桑蚕技术的发展。历朝历代开始注重对森林的经营和维护,提倡植树造林,对于涉及国计民生的经济林的发展尤为重视。在唐代,枣树已作为法定造林树种,以补粮食之不足。而事农桑更是被视为国之本,在汉代即出现了农林(桑黍)复合经营模式。我国的木建筑水平和桑蚕技术是世界文明史上的瑰宝,代表了当时人类对森林利用的最高水平。先秦时期的思想家在林业发展方面也多有真知灼见。法家思想《管子·修权》中提道"一年之计,莫如树谷;十年之计,莫如树木;终身之计,莫如树人"。以孟子、荀子为代表的儒家思想主张仁爱,合理利用农林资源,提出强本节用,是森林永续利用的思想雏形,这比西方提出的可持续发展和森林永续利用理论早了 2000 年。

不可否认,先秦时期的林业思想即达到了一个较高的水平,但是后续的战乱频仍,导致人类对森林的破坏加剧。虽然每一次朝代更迭后,统治者都注意加强对森林的保护,但是由于战争破坏、大型土木工程和林苑的建设、薪炭的使用等,对森林的利用程度加剧,对森林资源也造成了严重的破坏,森林面积逐步减少,生态环境日益恶化。两汉时期的森林覆盖率仍旧在 40% 以上,到明清时期已经下降到 26% 左右,民国时期更是降至最低点,彼时中原地区和北方的原始森林已消失殆尽。直到新中国成立后实施的三大重大林业工程,耗资数亿,历经多年,才将我国森林覆盖率从改革开放之初的 12.00% 提升到现在的 24.02%。这从近年来大家熟知的塞罕坝人从 20 世纪 60 年代开始三代人将黄沙秃岭变林海的奋斗历程和事迹可见一斑,其因此也获得了地球卫士奖。

然而,我国目前森林覆盖率仍低于全球 31% 的平均水平,人均森林面积仅为世界人均水平的 1/4,人均森林蓄积也只有世界人均水平的 1/7,且森林资源分布极其不平衡,西部平均森林覆盖率仅 11.99%。

要想实现国家的长治久安和高质量发展,生态保护是前提,林业发展是基础。森林兴,则国家兴。如今,森林一如母亲一样为人类提供着庇护和各种赖以生存的森林产品,人类更应像对待婴儿一样保护好脆弱的生态环境,维护好人类赖以生存的家园。习近平总书记在论述《绿水青山就是金山银山》时曾指出"生态兴则文明兴,生态衰则文明衰"。塔克拉玛干沙漠的蔓延、楼兰古城的消失、近年来全球气候的变化、极端天气的频发,无不揭示着绿色发展和生态文明建设的紧要性和急迫性。

现代林业教育起源于 18 世纪的西方,林学学科的形成亦源于西方,了解西方尤其是德国的林业发展历程,对于我国林业发展是很好的借鉴。林学是一门实践性很强的学科,是既关乎理论又关乎实践的科学,同时又具有自然科学和社会科学的双重属性。学林学到底能干什么?很多人一想到林学就想到种树,就如同学农就是去种地一样。事实上,从一棵树到一片森林,再到整个生态系统,从森林经营与资源的利用、环境问题、森林美学与文化,到绿色发展与生态文明建设,无不承载着整个林学学科的发展和贡献。林学作为一门独特的学科,是自然科学集大成者,也是自然科学与社会科学的集大成者。历史上很多著名林学家,同时也是哲学家、史学家、数学家、自然地理学家、土壤学家、气象学家、植物学家、动物学家、经济学家等,这在本书对国内外著名林学家的介绍中可以窥见一斑。

本书编写者是在林业领域躬耕多年的教授和副教授,具有多年的教书育人经验。本书旨在深入浅出地介绍国内外林业发展历史及著名人物,以及林学学什么,能干什么,如何为社会服务,如何在生态文明建设和乡村振兴中发挥作用等,希望对高考学子和家长们在未来专业和职业的选择上能有所帮助。本书第一章和第四章由张新娜副教授撰写,第二、三、五章由张凌云教授撰写。第一章主要介绍森林在人类文明与发展中的作用,如森林资源与工业化进程、森林的多功能属性、森林文化与美学以及森林与生态文明等。第二章介绍林学的起源与林业发展进程,通过介绍中外林业发展与利用历史、名人事迹等,让读者了解世界林业发展历程,感受世界林业发展脉搏,并从中受到启迪。第三章阐述林业人的使命,以及林学生如何既锻炼实践能力又提升理论水平,介绍未来的林学如何关乎国之兴衰,世界之未来。第四章介绍林学都能学什么,国内外著名林业及涉林高校,让有绿色梦想的同学找到筑梦的地方。第五章介绍林业的未来。

学习了解国内外林业发展历程及水平,可以知己之不足。借鉴国外林业发达国家先进发展理念和经验,实现我国林业发展的弯道超车,更好地让森林及森林资源服务于国民经济建设,营造更好的森林环境,生产更多更好的森林产品,可以让人民生活更加富裕和美好。新中国林业部第一任部长梁希先生曾说"让黄河流碧水,赤地变青山",而我们未来的愿景不就是"无山不绿,有水皆清,四时花香,万壑鸟鸣"吗?绿水青山就是金山银山,如今森林承载着中华民族的永续发展和人类更多期冀,希望本书能吸引和启迪更多热爱自然、有志于奉献林业事业的学子,为国家生态文明建设和乡村振兴贡献力量,为这蓝色的星球披上更多绿色。未来的你们不仅是新中国的林人,更是新中国的艺人,"替山河装成锦绣,把国土绘成丹青"。实现森林的永续利用,不仅需要热情,更需要依托科技创新驱动和我国森林高质量的发展。

张凌云

2022 年 10 月于北京

目　录

森林与人类文明

> 千种万态的乔木以强劲的根系扎入山缝,破碎着岩石,创造着土壤,也就是给依土立身的生命开垦着家园;森林以繁枝密叶遮风挡雨,为一切进入森林的生命创造一个适宜生存的空间。
>
> ——CCTV 纪录片《森林之歌》

▶▶ 从原始采猎到定向培育

➡➡ 定向培育的由来

森林作为一个生态系统,具备自我调节的能力,按理来说不需要人类过多的干预,那我们为什么要谈定向培育这个问题呢?定向培育又是怎么发展的呢?

其实从古代开始就出现定向培育了。农耕社会时期因为有足够的森林为人类提供庇护和供给，所以并没有培育森林的需要。但随着人类文明的发展，特别是进入较为发达的封建社会后，过度放牧、燃烧木材、战争屯垦的破坏，导致森林破坏加速，森林质量也在不断下降，进而引发一系列的环境问题，如自然灾害频发、水土流失严重等。于是，人们便有了恢复和培育森林的强烈需求，这也就是我们所说的森林定向培育。

中国很早就有了植树造林的记载。西汉的《氾胜之书》、北魏的《齐民要术》和明代的《群芳谱》等书中都对植树造林的技术有较为详细的记录。我国古代在经济林木栽培、植树造园等方面有一定的成就，对用材树种的造林，如杉木栽培、毛竹栽培等，也有上千年的历史，积累了丰富的经验。欧洲的文艺复兴促进了科学技术的发展，促进了18世纪的第一次产业革命的产生。由产业革命产生的工业化、城市化的发展，在初期对森林造成了更大破坏，使木材成为稀缺商品，生态环境也逐渐恶化，人们便有了恢复和培育森林的强烈需求。这就是"定向培育"的发展历程。

➡➡ 定向培育的含义与发展

那么,我们该怎么理解定向培育呢?其实,定向培育最早是在煤炭行业提出来的,煤炭行业是最早开始定向培育坑木专用林的,揭开了林木定向培育的序幕。我国林业领头人沈国舫院士对定向培育进行了比较系统的解释。他提出,每造一片森林都应制定统一的规划和明确具体的培育目标,所采用的造林技术措施应在最大限度上有利于这个目标的实现,这就是定向培育的原则;但即使在有明确分工的情况下,每一片森林,甚至每一个林分,所具有的效益也应该是多方面的,培育森林的技术措施在主要针对某个培育目标的同时,也要适当照顾其他可能达到的目标,这样才能使森林全面发挥作用。

目前,定向培育已经获得广大林业工作者的肯定,至少在速生丰产工业用材林的培育上得到了肯定。近年来,对木材、其他林副产品及森林其他功能要求的不同,使森林培育的目标也出现了不同,如对能源的要求——能源林、对坑木的需求——坑木林、对纸浆材的需求——纸浆林、对森林非木质产品的需求——经济林、对特用木材的需求——用材林等。于是,定向培育逐渐走进林业

森林与人类文明

工作者的视野中,并得以进一步发展。

近几十年来,我国人口迅速增长,经济迅速发展,社会对森林资源的需求已远远超过了森林的承载能力,再加上长期以来,我国林业生产主要以木材为主,进而导致了我国森林资源面临着许多重大问题。主要表现在三个方面:一是天然林面积不断减少,林分质量下降显著,林业资源减少;二是物种出现灭绝,森林生物多样性降低;三是森林生态系统退化,森林功能及其生态效益下降。从林业发展的角度来看,森林不但要为全人类提供一个稳定的生态环境,还要满足不断增长的工业发展和经济生活对森林资源的需求。所以,要把改善生态环境作为林业建设的主体,把增加森林资源作为林业发展的基础,把发展产业作为林业建设的重点。要完成这一目标,就要充分发挥森林定向培育的作用,同时保护好天然林,保护好物种资源和生物多样性,进一步改善现有的生态环境。

不得不说,定向培育是很有必要的,它能够让我们在短时间内获得特定优质木材或符合特定目标的产品,使林业产品性状一致,并提高一定的经济效益;明确的培育目标,还可以提高劳动效率,充分发挥森林生态效益。

以我国东北次生林的定向培育作为例子,东北次生林区有以下特点:有较多的珍贵优良用材树种,如水曲柳、胡桃楸、紫椴、黄菠萝、黄榆、蒙古栎和白桦,以及人工成片栽植或天然次生林的红松、樟子松、红皮云杉和落叶松等;天气寒冷,生长期短,树木生长相对较慢,个体生长差异较大且空间分布不均匀;立地复杂,但缓、平坡土层深厚地段比例很大;50年生以下各龄级均有分布,树型干型较大;经济条件普遍较差,劳动力价格较低。以上这些特点,决定了东北次生林应按"两头小中间大"的原则进行分类经营,即以纯公益林和纯商品林为小头,兼用林或称经济型公益林为大头。在部分立地条件好、技术水平较高的情况下,进行速生工业用材林培育。而将其他大部分地块上的次生林和人工林都作为兼用林来经营,这样就能获得巨大的生态效益,如保持水土、涵养水源等,并获得一定的社会效益,如促进旅游发展,同时也能获得巨大的产品效益。

▶▶ 森林资源与工业化进程

➡➡ 森林资源的含义

随着国家经济发展水平的不断提高,人们对森林资源的需求也会发生变化,具体体现在对森林资源利用的目的、程度和具体对象上。那么,什么是森林资源呢?
《中华人民共和国森林法实施条例》中规定:森林资源,包
括森林、林木、林地以及依托森林、林木、林地生存的野生
动物、植物和微生物。森林,包括乔木林和竹林。林木,
包括树木和竹子。森林资源以林木资源为主,还包括森
林中和林下的植物、野生动物、土壤微生物及其他自然环
境因子等资源。自 1990 年到 2015 年,全球森林面积减
少了 19.35 亿亩,而中国的森林面积增长了 11.2 亿亩。
在森林面积增长的同时,中国林业产业总产值从 2001 年
的 4 090 亿元增加到 2015 年的 5.94 万亿元,15 年内增
长了 13.5 倍,对 7 亿多农村人口脱贫致富做出了重大贡
献,也对"绿水青山就是金山银山"做出了最好的诠释。
不难看出,中国已成为世界上森林资源增加最多和林业
产业发展最快的国家。既然森林资源这么重要,那么它
又具有什么特点呢?

　　第一是森林资源具有可再生性和再生的长期性。在
一定条件下,森林具有自我更新、自我复制的机制和循环
再生的特性,这保障了森林资源的长期存在,能够实现森
林效益的永续利用。但是,森林资源所具有的可再生性
和结构的稳定性只在人类对森林资源的利用遵循森林
生态系统自身规律,并且不对森林资源造成不可逆转的

破坏的基础上才能实现。因为林木从开始生长到成熟的时间间隔太长，天然林的更新需要很久的时间，即便是人工速生林也要 10 年左右的时间，人类一旦破坏了，就会影响到森林资源的再生性和系统的稳定性。

第二是森林资源功能具有不可替代性。森林作为一个生态系统，是地球表面生态系统的主体，在调节气候、涵养水源、保持水土、防风固沙、改善土壤等多方面的生态防护效能上起着重要的作用。地球表面生态圈的平衡也要依靠森林维持。此外，森林资源具有多种功能，还可以提供多种物质和服务，并且，森林资源的经济效益、生态效益、社会效益是共同的。

➡➡ 不同工业化进程对森林资源利用的特征

❖❖ 前工业化时期（1949—1952）：以维持生存为目的将林地转变为耕地

1949—1952 年，我国处于前工业化时期，生产力水平低下，物资匮乏，粮食就显得特别重要，保障粮食供给是维持人们生存的重要前提。在生产力水平低下的情况下，增加粮食产量的唯一的手段就是增加耕地面积。在前工业化时期，林地面积占比较大，森林资源也相当丰富，其余土地主要用于种植作物或是建筑房屋，还有大量未开垦土地。增加耕地投入其实就是将其他类型的用地或是未加利用的土地改造为耕地，即将林地、房屋建造用地或未开垦土地变为耕地。将林地转变为耕地，不仅能够增加耕地面积，还有利于农作物耕种，因为枯枝落叶层的堆积能够增强土壤肥力，此外，砍伐的林木可以用于建造房屋、制作劳动工具或简单家具等，可谓是一举三得。因而在前工业化时期，人们对森林资源的利用主要是砍伐林木、将林地转变为耕地以提供一定的粮食。

❖❖ **工业化初期（1953—1999）：以发展经济为目的利用林木资源**

从 1953 年开始，我国进入工业化初期，生产力水平和技术水平不断提高，人们的需求不再停留在为了生存，而是转变为追求经济发展和提高收入，因而这一时期对森林资源的利用主要是以发展经济为目的。在工业化初期，林业主要从原料、资金和外汇三个方面为工业化做出了贡献，推动经济不断向前发展，而这三个方面的贡献都是以林木资源为出发点的，因此，这一时期对森林资源的利用主要是基于发展经济目的对林木资源的利用。与前工业化时期相比，工业化初期对林木资源的砍伐利用表现出规模大、范围广、数量多、破坏性强等特点，是基于当时生产力水平提高、伐木工具以及采伐技术一定的改进、对林木砍伐和木材生产的劳动力投入大幅增加等原因。

21世纪初，我国进入工业化中期阶段，工业发展取得了一定的成果，人们经济生活水平逐步提高，生活需求也不断提升，逐渐由单一追求满足物质生活需求向提高生活质量需求过渡。与此同时，我国生态环境状况越来越恶劣，水土流失严重、濒危物种增加、空气质量下降、水质污染严重、生物链遭破坏，而且洪水、泥石流等地质灾害频发。人们提高生活质量的需求与日益恶劣的环境状况之间出现了极大的矛盾，人们改善生态状况的愿望逐渐变得强烈，于是人们对发挥生态功能的森林资源的需求不断增强。保护森林发挥一定的生态功能，是以增加森林面积、提高森林质量为前提的，而增加森林面积就需要合理种植树种，不乱砍滥伐，还需要合理地协调利用现有的森林资源。

从以上得知，工业化进程的推进与人们对森林资源的利用之间存在着密切的联系，在前工业化时期，主要是通过破坏林分来增加耕地的数量以保障一定的粮食产量；在工业化初期，对森林资源的利用主要体现在砍伐林木资源为工业发展提供原材料、资金和外汇积累上；发展到工业化中期及以后阶段，更加注重森林资源经济、社会和生态效益的协调发展。

▶▶ 森林的多功能属性

在大自然中，森林是人们经常能看到的。人们常向往走进那苍茫的大森林，去体味各种各样树木花草和野生动物带来的快乐。但并不是所有人都认识森林。那么，什么是森林呢？其实，森林是由树木为主体的许许多多生物所组成的生物群落。由此可见，森林是一个包括各种各样生物的群体，一棵棵孤立的树木并不是森林，也就是人们常说的"独木不成林"。森林里蕴藏着丰富的资源，人类的生存依赖着森林资源，森林是地球上陆地生态系统的主体，森林资源是人类赖以生存的基础资源，同时森林具有维护地球生命、改善人类生存环境的生态价值。那么，森林有哪些功能呢？

森林作为一种生态系统具有多种功能。第一类是供给功能，其实就是生态系统通过物质生产过程为人类提供各式各样的产品，如食物、材料、能源、药物等。森林主要给人类源源不断地提供木材产品和林副产品。木材产品主要包括原木、锯材、纸浆材、人造板材等；林副产品主要包括森林植物的叶、花、果、茎、树皮、树脂、树胶、树液等和经济林以及森林动物与微生物提供的各种产品等，为人类提供这些产品无疑是森林的重要功能。第二类是支持功能，是生态系统通过生存状态和生命活动支持着地球上人类生存所必需的自然系统，如大气中各种组分的浓度、水分循环、生物多样性等。第三类是调节功能，是生态系统通过生物群落与环境的交互作用，对一系列环境因子起到调节作用，如水源涵养、水土保持、防风固沙等。第四类是文化功能，是生态系统因结构和影响在社会文化方面所具有的功能，如观赏功能、保健功能、游憩功能、教育功能和就业功能等。森林生态系统具有所有这些功能，与其他生态系统（农作物、草地、湿地、荒漠、冰川、海洋等）比较，森林的功能是比较全面而且强大的。

森林在保护环境方面的贡献力不能忽略，森林的生态效益大大高于直接的经济效益。如芬兰一年生产价值17亿马克（约87.55亿元人民币）的木材，而森林的生态效益提供的价值达53亿马克（约273亿元人民币）；美国森林直接提供的价值和生态效益的价值之比是1∶9。根据国内外的经验，在一个面积较大的国家或地区，森林覆盖率达到 30% 以上，而且分布比较均匀，那么这个国家或地区的自然环境就比较好，农牧业生产也比较稳定，人们的健康水平也会大大提高。印度加尔各答农业大学的一项研究指出，一棵正常生长到 50 年的树，每年至少要生产 1 吨氧气，价值约 3.12 万美元；防治大气污染的价值为 6.25 万美元；树木在半个世纪的生活中，防治土壤侵蚀、增加土壤肥力的作用，可创造价值 3.12 万美元；其涵养水源、促进水分再循环的效益价值为 3.75 万美元；它为动物提供栖息环境的价值为 3.125 万美元；并生产价值 2 500 美元的蛋白质。

森林还是自然环境的调节者，从多个方面影响着人类的生存环境，为人类生活提供了食物、燃料、木料、药材和其他生存物质，不仅是人类稳定生活的保障，还与人类文明的起源有着密不可分的联系。

➡➡ 森林是制造氧气和固定二氧化碳的"工厂"

绿色植物对维护大气中氧气和二氧化碳的平衡有着十分重要的作用。绿色植物是地球上主要的氧气制造者和二氧化碳的消耗者。森林可以吸收工业燃烧和城市居民呼吸排出的大量二氧化碳，同时释放出大量的氧气以维持空气稳定。

森林被称为"地球之肺",每一棵树都是一个氧气发生器和二氧化碳吸收器。研究表明,一亩森林每天能吸收二氧化碳约67千克,产生氧气约49千克,能满足65个人一天的需要。一公顷各种绿色植物每年可释放的氧气,常绿阔叶林为20～25吨,针叶林为30吨。一棵椴树一天能吸收16千克二氧化碳,150公顷杨、柳、槐等阔叶林一天可产生100吨氧气。研究表明,一个成年人每日呼吸需要消耗氧气0.75千克,排出二氧化碳0.9千克,只要有10平方米的森林就可以消耗掉一个成年人呼出的二氧化碳,并供给所需要的氧气。大约150平方米的植物叶面积,就可满足一个成年人一年对氧气的需要。其实许多树木都可以吸收有害气体,如:樟树、夹竹桃、丁香、枫树、刺槐、臭椿、桧柏、女贞、橡树、红柳、木槿、榆树、马尾松、法国梧桐等。树木都有很强的吸收二氧化硫、氯气、氟化氢等有毒有害气体的能力。这些气体通过绿化林带,通常有1/4可以得到净化,或变成氧气。

森林植物通过光合作用,把大气中的二氧化碳转化为碳水化合物,以生物量的形式固定贮存下来,这个过程称为碳汇。绿色植物通过光合作用将大气中的二氧化碳转化成有机物,为生物界提供最基本的物质和能量来源,维系着动物及人类的生存。

森
林
与
人
类
文
明

森林还是大自然的"调度师"，它调节着自然界中空气和水的循环，影响着气候的变化，保护着土壤不受风雨的侵犯，减轻环境污染给人们带来的危害。不难看出，森林不愧是制造氧气的"工厂"。

➡➡ **森林是大自然的"清洁工"**

森林不但能保持空气新鲜，而且能拦截、过滤空气中的飘尘、粉尘、炭粒、尘埃以及铅、汞等有毒金属微粒，还能吸收二氧化硫、氟化氢等大量有害物质，从而净化空气，清洁自然。

植物叶子表面粗糙不平，多茸毛，有的还分泌油脂或黏液，有庞大的吸附面积，能吸附空气中的灰尘。在树木中，榆树有"粉尘过滤器"之称，据测定，它的叶片滞尘量为每平方米12.27克。夹竹桃则被誉为"绿色吸尘器"，据试验，在二氧化硫强污染的环境中，一般植物均会落叶，而夹竹桃仍枝繁叶茂，生长如常。它对粉尘、烟尘也有较强的吸附力，每平方米叶面能吸附灰尘5克。因此，夹竹桃适宜在工矿区、公园、校园、庭院里栽种。

根据研究测定，一棵成年垂柳在生长期内能去除空气中的灰尘约38千克，加拿大杨树约34千克，桑树约31千克，白蜡约27千克。一公顷云杉林每年可阻挡灰尘约

14

32吨,一公顷松林约36吨,一公顷混交林(水青冈、槭树、橡树)约68吨。一公顷柳杉林每年可吸收二氧化硫720多千克,女贞、丁香、梧桐、垂柳、桧柏、洋槐等对减轻氟化氢危害均有良好作用。

➡➡ **森林是噪声、细菌的"狙击者"**

由于绿化植物的枝叶是粗糙不平的物体,声波传至树冠后,便被浓密的枝叶不定向反射或吸收,从而减弱噪声,有效地减轻噪声对人们的干扰。所以,城市街道可利用林带、绿篱、树丛来阻挡噪声,为居民创造安静环境。例如,日本大阪机场为了降低噪声,在跑道两旁种植了近4 000株女贞和雪松,降低噪声达10分贝以上。据生态学家测试,40米宽的林带可使噪声降低10~15分贝,30米宽的林带可使噪声降低6~8分贝,10~14米宽的林带可使噪声降低4~5分贝。阔叶树的树冠可吸收26%的声能,反射和消散74%的声能;在20米宽的马路上栽植珊瑚树、杨树、桂花树等各一行,可降低噪声5~7分贝;此外,圆柏、龙柏、水杉、云杉、鹅掌楸、樟树、海桐、臭椿等对降低噪声也有较好效果。

据有关专家研究介绍,每公顷森林平均每年能吸收

700多千克的二氧化硫,可减轻工业酸雨的危害;城市中路旁的林带可以阻挡沙尘,滞尘率高达70%～90%,同时林带还有降低噪声的作用。清洁、优美、宁静的环境不仅有益于人们的身心健康,而且可以明显地提高人们的学习和工作效率。在人们的视野中有25%的绿色时,人就会感到精神舒畅。

而树木之所以能降低空气中的细菌含量,一方面是因为树木可以减少灰尘,从而减少附着在灰尘上的细菌,另一方面是因为有些植物(如臭椿、樟树、柠檬桉、侧柏、山胡椒、柑橘、肉桂、百里香、黑胡桃等)本身能分泌一些具有杀菌和抑菌能力的挥发性物质,据分析,柠檬树叶分泌出的杀菌素可杀死肺炎细菌、痢疾杆菌、结核菌和多种病症的球菌及流感病毒等。

树木能分泌出杀伤力很强的杀菌素,杀死空气中的病菌和微生物,对人类有一定的保健作用。现已发现有300多种植物能分泌出挥发性的杀菌物质。此外,植物体内的挥发性物质还可起到驱赶害虫的作用,如新鲜的桃树叶可驱杀臭虫,黄瓜的气味可使蟑螂逃之夭夭,洋葱和番茄植株可驱赶苍蝇,木本夜来香或罗勒能驱蚊。

➡➡ 森林是减缓全球变暖的"缓冲器"

由于近年来人类大量使用化石燃料和森林大面积减少，大气中二氧化碳浓度迅速升高，产生了"温室效应"，使全球出现气候变暖的趋势。研究结果证明，在当前大气二氧化碳浓度增加的因素中，森林面积减少约占所有因素总作用的 30%～50%。温室效应的后果是惊人的：一是会引起降雨格局的变化；二是会导致海平面上升；三是会导致陆地当前生长的许多植物群落因温度的变化而死亡。这样的变化又会进一步推动温度的上升，形成生态系统全球范围内的恶性循环。

近代人类大量使用石化燃料，使大气中二氧化碳、甲烷等温室气体浓度不断升高，引起地球上的"温室效应"。据调查，每公顷森林平均每年可吸收 20～40 吨二氧化碳，同时放出 15～30 吨氧气，因此，森林对减缓全球变暖能起到重要的作用。

➡➡ 森林具有防风固沙、防止水土流失的作用

狂风吹来，树身、树冠挡住风的去路，以降低风速，树根又长又密，抓住土壤，不让大风吹走。大雨降落到森林里，渗入土壤深层和岩石缝隙，以地下水的形式缓缓流

出,冲不走土壤。据非洲肯尼亚的记录,当年降雨量为
500 毫米时,农垦地的泥沙流失量是林区的 100 倍,放牧
地的泥沙流失量是林区的 3 000 倍。防治沙漠化和水土
流失最有效的帮手就是森林。

森林能够有效地涵养水源和防治水土流失。森林凭
借庞大的林冠、深厚的枯枝落叶层和发达的根系,起到良
好的蓄水保土和减轻地表侵蚀的作用。据测算,5 万亩森
林所蓄的水量相当于一个百万立方米的小水库。在森林
被破坏或无森林的地区,水土流失严重,许多河道和水利
设施不断发生泥沙淤积,经常造成水灾。在风害区营造
防护林带,在防护范围内可降低风速,如我国平原地区的
农田防护林网,为农业的粮食增产提供了保障;在半干旱
地区营造防风林,可以阻滞沙丘的流动,减少扬沙天数,
使沙尘暴灾害减弱。

➡➡ 森林具有改良土壤的作用

森林能够有效地遏制土地荒漠化和沙尘暴。目前我
国土地沙化正以平均每年 2 460 平方千米的速度扩展,相
当于一年要损失一个中等县的土地面积。近年来,我国
北方地区冬春季节扬沙和沙尘暴频繁发生,其主要原因
是我国北方地区森林植被稀少,加之毁林毁草开荒、乱采

滥挖、过度放牧,林草植被遭到严重破坏。大范围植树造林,不仅可以有效控制和减轻风沙危害,防止土地荒漠化的扩大,降低沙尘暴的发生频率,改善人类的生存条件,而且可以改造沙漠,开拓沙漠绿洲,扩大人类的生存空间。

➡ ➡ 森林具有调节小气候的作用

在成片的森林地区以及林冠层的下部都能形成一种特殊的气候。此外,森林对邻近地区的气候也有较大的影响。据测定,在高温的夏季,林地内的温度较非林地要低3℃～5℃。在严寒多风的冬季,森林能使风速降低而使温度提高,从而达到冬暖夏凉的效果。此外,森林中植物的叶面有蒸腾水分的作用,它可使周围空气湿度提高。

森林与环境特别是气候是一种相互依赖的关系。一方面,森林作为一种植物群落,要求有适宜的环境条件,其中光照、热量、水分等直接影响着各种森林的地理分布范围和生产力时空分布格局,气候的冷暖、干湿变化又直接或间接影响森林生态系统的结构和功能,因此,如果气候发生变化,森林生态系统必将受到影响;另一方面,森林本身可以形成特殊的小气候,森林改变了地面反射率和热特性,使森林气候与海洋气候类似,气温变化和缓,

森林与人类文明

森林和邻近地区较湿润。一般森林的反射率仅有土壤的1/2,穿过大气到达地球表面的太阳辐射,被占陆地面积30%的森林层层吸收,然后通过长波辐射等形式传输给大气,可以认为森林是气候系统的热量储存库之一。

森林还能影响降水,因此森林破坏不仅会减少对太阳辐射的吸收,同时还会影响水分循环,大范围的森林变化甚至可能影响全球的热量平衡和水分平衡。作为全球气候系统的组成部分之一,森林使得区域气候趋于稳定,进而对全球气候起到稳定器的作用。总之,尽管目前人们对森林大量被砍伐影响气候方面的问题还有某些不同的看法,但有一点共识,就是森林面积急剧减小,会对气候产生一系列影响。森林生态系统的变化也是研究气候变化不可忽视的一个因素。

➡➡ 森林具有涵养水源和调节气候的作用

森林能涵养水源,是一个巨大的"水库",在水的自然循环中发挥重要的作用。"青山常在,碧水长流",树总是同水联系在一起的。大自然的降水,一部分被树冠截留,大部分落到树下的枯枝败叶和疏松多孔的林地土壤里被蓄留起来,有的被林中植物根系吸收,有的通过蒸发返回大气。据调查,1公顷森林一年能蒸发 8 000 吨水,使林区空气湿润,降水增加,冬暖夏凉,这样它又起到了调节气候的作用。树冠就像一把大伞,不让雨水直接冲刷地面;树上的苔藓和树下的枯枝败叶都可以吸收一部分水。森林具有庞大的林冠层,在地表与大气之间形成一个绿色调温器,它不仅能使林内产生特殊的变化,而且对森林周围的温度也有很大的影响。森林能降低每日最高温度而提高每日最低温度,使夏季降温,冬季增温。在城市中大力造林,会在很大程度上削弱夏季"热岛效应"给人带来的危害。

➡➡ 森林具有康养的作用

森林能释放萜烯、乙醇、有机酸、醚、臭氧等物质。这些物质具有杀菌功能,使森林中空气的含菌量大大减少。许多患有呼吸道疾病的游客在森林中旅游和度假,呼吸大量带有杀菌素的洁净空气,对病情能起到控制和治疗的作用。这些物质接触人体皮肤、黏膜或被人体呼吸道黏膜吸收后,能刺激、促进人体免疫蛋白增加,从而增强人体的抵抗力,还能调节人体植物神经的平衡。森林里还存在高浓度空气负氧离子,具有降尘、灭菌、提高人体血液氧含量以及强身健体、治疗疾病等多种功效。(图1)

图 1 林中木屋——大兴安岭森林康养基地

➡➡ 森林能够有效地保护生物多样性

什么是生物多样性？生物多样性是指所有来源的活的生物体中的变异性，这些来源包括陆地、海洋和其他水生生态系统及其所构成的生态综合体。生物多样性是用来描述三个不同层次生命多样性的术语：基因、物种和生态系统。生物多样性概念的核心是理解所有生物体如同一张生命网一样与其当地环境中的每种其他要素相互作用。例如，"雨林"这一术语描述以高降雨量和物种丰富多样性为特点的各类森林生态系统。森林生物多样性通过水净化、氧气的提供以及精神和文化惠益等多种生态系统服务维系着人类的福利。全世界约有80%的陆地生物栖息于此,超过10亿人直接依靠森林获得粮食、住所、收入和能源。

森林是维持全球、国家和地方生物多样性的关键支柱之一。森林的生长隔绝并存储了大气中的碳,有助于调节全球碳循环和减缓气候变化。健康的森林生态系统能够生产和保护土壤,稳定河流流量和水径流,防止土地退化和荒漠化,减少干旱、洪水和山体滑坡等自然灾害的风险。此外,森林流域还提供了世界上约75%的淡水资源,地球上一半以上人口的生活、农业、工业和环境都依赖这些资源。并且,森林还是药物开发遗传材料的仓库,有5万~7万种植物被用于传统或现代医学。

然而,人类活动和气候变化造成的森林破坏对可持续发展构成了重大挑战,对地球和人类福祉产生了严重影响,于是森林生物多样性也一定程度地丧失了。过去20年来,森林砍伐量的增加也和近1/3爆发的疾病有关,如埃博拉病毒、寨卡病毒和尼帕病毒。这是因为乱砍滥伐使野生动物远离了它们的栖息地,离人类更近了,从而为动物传染疾病给人类创造了更大的机会。幸运的是,我们可以防止更多的森林消失。通过基于自然的解决方案,我们能够利用森林的力量来恢复和加强这些生态系统,甚至可以增强森林对解决全球挑战的贡献。

世界上许多国家的研究表明,森林的生态环境价值大约是直接生产木材和林副产品经济价值的 10 倍。如果没有森林,陆地上绝大多数的生物会灭绝,绝大多数的水会流入海洋;大气中氧气会减少,二氧化碳会增加;气温会显著升高,水旱灾害会经常发生。森林尤其是原始森林被大面积砍伐,无疑会影响和破坏森林的生态功能,造成当地和相邻地区的生态失调、环境恶化,导致洪水频发、水土流失加剧、土地沙化、河道淤塞乃至全球温室效应增强等问题。

森林的功能如此强大,甚至可以毫不夸张地说,人类得以正常生存也得益于森林。我们应爱护身边的每一棵树,积极参与植树造林活动,保护人类赖以生存的生态家园。

▶▶ 森林文化

森林作为一个有机生命体,在经历了和人类共存、和人类相互依存协同发展以后,逐渐形成了一系列的物质产品和精神文化产品,这些就是森林文化。广义的森林文化是指在长期社会实践中,人与森林、人与自然之间建立起了相互依存、相互作用、相互融合的关系，并由此而创造的物质文化与精神文化的总和。换句话说，就是人类在社会实践中所创造的与森林有关的物质财富和精神财富的总和。狭义的森林文化是指与森林有关的社会意识形态，以及与之相适应的制度和组织机构、风俗习惯和行为模式。具体来说，森林文化包括森林产品、森林美学、森林哲学、森林制度、森林休闲等多个层面，涵盖生态保护、水土保持等多项功能。让我们通过一些具体实例，揭开森林文化的神秘面纱。

➡➡ 竹文化

竹子是世界上生长最快的植物之一，具有旺盛的繁殖能力，我国国宝大熊猫最爱吃的植物是竹子，我国有"竹子王国"之称，是世界上竹类资源最为丰富、竹林面积最大、开发利用竹资源最早的国家之一。狭义上的竹文化，指以竹为载体的精神现象，包含竹的理论形态、宗教、审美、精神等，以及竹文字、竹文学。广义上的竹文化，指竹文化的外延，凡与竹材料相关的社会现象，例如绘画、音乐、风俗、工艺品、食品、工具、建筑、园林等均属于竹文化。宋代著名文学家苏东坡曾说过"宁可食无肉，不可居无竹"。竹子已渗透到中华民族物质和精神生活的方方

面面,是物质文明建设的重要资源,凝聚于精神文化之
中,积淀成为源远流长的中国竹文化。竹子之所以常常
被人们誉为"君子",是因为它有青翠挺拔、四时常茂的外
表。竹子还与人们的生活息息相关,所以中国悠久的文
化与竹结下了不解之缘,形成了丰富多彩、独具特色的中
国竹文化。

➡➡ 园林文化

　　园林是一种由筑山理水、建筑营构、植物配置而形成
的空间境域,它可行、可望、可游、可居。中国园林有着三
千多年的历史,是集建筑、书画、雕塑等多种文化于一体
的立体艺术,其本身就是一种文化。那么,中国园林文化
有什么特点呢?它是水、亭、景的相互映衬下的人工之
作,深受传统儒家、道家和佛家思想的影响,在设计上有
着文化的色彩和思想的意义。它是自然式山水园林,设
计中还体现着崇尚自然的原则。由于道家崇尚静的思
想,所以在园林设计上讲究"清水出芙蓉,天然去雕饰"和
"巧夺天工"。除此之外,由于又受到佛家思想的影响,中
国的园林在讲究自然和天人合一的基础上,还比较讲究
意境,体现出一种诗意的追求。上面所介绍的是古代的
园林,那么现代的中国园林是什么样的呢?它继承传统

园林的精致典雅，又接纳西方园林的自然野趣，从而向多元化、自然化方面发展。多元化是指在保留皇家园林、士人园林、宗教园林、名山风景区的同时，又发展成现代的各式公园，如岩石公园、植物园、动物园、世界公园、游乐园、森林自然保护区等。自然化是指园林的审美理念和园林设计更趋近自然，从面积和规模上体现园林的雄伟大气，又从风格上减少人工修饰和安排，至少能贴近自然的本来面貌，具有古老性、多样性和整体性。中国的园林承载着中国人的文化，这些文化对于现代的中国人有着潜移默化的深刻影响。

➡➡ 茶文化

中国是茶的故乡，也是世界上最早发现和利用茶的国家。中国有着几千年的茶文化历史，茶知识博大精深，是东方文化的瑰宝，茶的美和意境，是我们每一个人都无法抗拒的，是我们引以为豪的千年文化传承。中国的茶文化发于神农，闻于鲁周公，兴于唐朝，盛在宋代，如今已成了风靡世界的三大无酒精饮料（茶叶、咖啡和可可）之一，全世界已有50余个国家种茶。寻根溯源，世界各国最初所饮的茶叶，引种的茶种，以及饮茶方法、栽培技术、加工工艺、茶事礼俗等，都是直接或间接地由中国传播出去的。中国是茶的发源地,被誉为"茶的祖国"。茶文化是中国传统文化的重要组成部分。随着社会的发展与进步,茶不但成了人们生活的必需品,而且逐渐形成了灿烂夺目的茶文化。茶文化包括茶叶品评技法、艺术操作手段的鉴赏、品茗美好环境的领略等整个品茶过程的美好意境。茶文化的精华是茶道,茶道的主要内容是茶艺,它讲究五境之美,即茶叶、茶水、茶具、火候、环境。茶道和茶艺,在生活中的体现就是茶文化。中国茶文化既是饮茶的艺术,也是生活的艺术,更是人生的艺术。

➡➡ 花卉文化

花也是文化的载体,体现着中华民族的精神灵魂。它可以代表许多感情,如真挚的友谊、纯洁的爱情、崇高的敬仰等。它可以代表许多精神,如坚忍不拔、傲然不屈、神圣贞洁等。它还能象征许多愿望,如幸福和平、自由独立、健康欢乐等。花与人们的生活融合在一起,用来表达人的语言、感情或愿望,隐含了种种花语。不同的花用于赠送不同的人,婚礼、葬礼、庆典、生日、纪念日等场合都离不开鲜花。花历来是文人舞文弄墨的基础,翻开中国的文学篇章,无数文人为花草树木所倾倒,创作了许多以花卉为题材的佳作,使自然中的花草呈现出特有的情趣和艺术魅力。以花卉为题材的歌赋、小说、诗词、散文、戏剧等文学形式的作品不可胜数，诗人咏花，面对芳苞艳蕊，发出无限的感慨。在他们的笔下，花是那样艳丽，那样华贵，那样柔嫩，那样清香，那样圣洁，那样脱俗，那样隐逸……花卉以其风韵、馨香飨食人们，给人们带来美的享受。文人雅士通过花卉来感悟生命，把花卉作为美好事物的象征，并赋予其深刻的文化内涵，以花卉为载体，寄托希望，于是就出现了以花卉为讴歌对象的诗词、故事、传记、记事、绘画、戏剧、音乐、雕塑、电视等文学表现形式，即出现了花卉文化。花卉文化有哪些特点呢？其实，花卉文化是一种东方式的闲情文化——莳花弄草。林语堂先生曾经说过："美国人是闻名的伟大的劳碌者，中国人是闻名的伟大的悠闲者。"中国人把养花叫"玩花"，这一个"玩"字，表明养花弄草是一种闲暇活动。文化本来就是空闲的产物。花文化更是在悠闲的玩花活动中形成的。中国人把花卉融入日常生活的方方面面，把它与中国的传统艺术门类结合起来，由此产生了颇富东方情调的中国花卉文化。中国的花卉资源非常丰富，用途又极广泛，以至于在中国人现实生活的方方面面随时随地都能看到花的存在。据古籍记载，神农氏尝百草，使花草成为华夏民族取之不尽、用之不竭的食物和药物来源;同时,人们心目中种种花草的形象,成了幸福、吉祥、长寿的化身;现实生活中,人们的衣食住行、婚丧嫁娶、岁时节日、游艺娱乐等都离不开花,在民间社会中积淀成为民俗。花卉与中国绘画、文学等传统艺术门类之间的结合,使得中国花文化涵盖了诸多文化门类,不仅包括花卉食品等物质文化门类,还具有中国花卉画、中国花卉文学等精神文化特点。中国的花卉文化充满泛人文主义色彩,把世界上的一切事物都与现实人生联系起来。人们认为,宇宙间三种活的生物——人、禽兽、花木,并无等级上的差别。他们都是天、地的产物。花木、动物和人类在生命形式这一本质上是一致的,所以,中国的文人、士大夫非常严肃地把花木当作人一般的生灵对待,认为花木也和人一样有智有能。

➡➡ 森林旅游文化

森林是人类的发源地,森林哺育了人类。森林以其物种的多样性、丰富性、富于变化而能启发人们丰富的想象,成为文艺作品重要的背景和素材来源,从而满足着人们的精神需求。人们对森林文化与森林旅游间的关系进行了探索,挖掘森林旅游与文化二者之间的关系。长期以来,人们对旅游偏重经济方面的研究,甚至将旅游简单等同于单纯经济现象。森林旅游活动从本质上讲是一种文化现象。无论是旅游消费活动还是旅游经营活动都具有强烈的文化性。现代社会中,森林以新的方式进入社会生活中,这些方式超越了简单的物质需要,是在精神需求的层面上发生的。简而言之,是以人的方式,或者说是以文化的方式参与到人的社会生活中。森林旅游资源中的人文旅游资源,无论是实物形态的文物古迹还是无形的民族风情、社会风尚,均属于文化的范畴。"人化自然"与"自然人化",由各种自然环境、自然要素、自然物质和自然现象构成的自然景观,只有经过人为的开发利用,才能由潜在的旅游资源变为现实的旅游资源,即使是自然美,也必须通过鉴赏来反映和传播,而鉴赏是一种文化活动,因此,自然旅游资源同样也具有文化性。可以说,文化是森林旅游的核心,森林旅游作为一种文化现象所产生的影响,比单纯的经济影响更为深远。中国先秦思想家墨子提出的"食必常饱,然后求美;衣必常暖,然后求丽;居必常安,然后求乐",说明了人类在满足生存需要基础上产生高级需求的必然。旅游者的旅游行为是一种文化消费行为,其外出旅游的动机和目的在于获得精神上的享受和心理上的满足。森林旅游作为一种跨时空的社会性活动,其根本动力在于人们追求精神文化上的满足。

森林旅游活动是综合性的文化活动，它体现了旅游者对某种文化的追求。吃、住、行、游、购、娱是旅游活动的六大要素，这六大要素无一不和文化结合在一起，无一不渗透着丰富的文化内涵，如果剔除森林旅游活动中的文化内涵，森林旅游活动就是一个空壳。森林旅游不仅属于一种经济现象，更属于一种文化现象。森林旅游文化以生态理念、可持续发展理念作为它的核心，以现代森林文化为基本内涵，表现出来的是人对森林的认识与审美关系。国内有的学者把它定义为对森林（自然）的敬畏、崇拜、认识与创造，以及建立在对森林表示感谢的朴素感情之上的、反映在人与森林关系中的文化现象。它的内容包含了技术领域的森林文化与艺术领域的森林文化两大部分：既包括人类合理利用森林而形成的文化现象，如造林技术、培育技术、森林法规、森林的利用习惯等，也包括体现人对森林的情感的具体作品，如诗歌、绘画、建筑、音乐等。由此看来，现代森林旅游文化集中体现在现代人对于森林价值的认识与现代人对于森林的经营理念。在现代人看来，森林作为人类生存环境中的重要一环，它的价值不仅仅在于提供林产品。加强对森林生态系统的保护，建立具有现代特征的生态林业、社会林业是森林旅游在林业可持续发展中的又一产物，现代林业也以生态理论、可持续发展理论作为基本理论，以经济、生态、社会全面发展的综合观作为现代林业的指导思想，注重对森林生态系统的完整性及可持续利用的研究。

林学的起源与林业的发展

> 创新有时需要离开常走的大道，潜入森林，你就肯定会发现前所未见的东西。
>
> ——贝尔

▶▶ 林学与林业教育

林业是国民经济的重要组成部分。森林可为人类提供所需要的建筑材料、工业原料、燃料、药材及食品等产品，还具有重要的生态功能和社会功能等。林学是一门实践性很强的学科，是既关乎理论又关乎实践的科学，同时又具有自然科学和社会科学的双重属性，因此，林学的突破往往是多门科学的长期积累与林业的长期实践相结合的结果。历史上很多著名的林学家，同时也是哲学家、史学家、数学家、自然地理学家、土壤学家、气象学家、植物学家、动物学家、经济学家等。林业教育是培养林业科技管理人才的重要途径。现代林业教育可以追溯到 18 世纪的西方，1785 年德国人约翰·海因里希·科塔在菲尔巴赫创办了世界上第一所林业专门学校，后该学校并入德国德累斯顿大学林学系。林学学科的形成亦源于西方。相对于西方，我国的林业教育要滞后很多，比西方晚了将近 200 年。

➡➡ 西方的林业教育

西方林业教育最早始于德国。德国的林业发展在世界上具有领先地位，这与他们十分重视林业教育和林业科学研究密切相关。早在 1787 年，弗赖堡大学就建立了林学系，1868 年哥廷根大学建立林学系，1881 年慕尼黑大学建立林学系。此外，汉堡大学生物系还设有木材专业。德国在发展高等教育的过程中，形成了多层次、多类型的高等学校，即大学、高等学院、专科学院。高等林业教育除上述的 4 所大学设有林学系外，还有 3 所专科学院设有林学系。

美国的林业教育深受德国的影响。美国的第一所林业学校是在美籍德裔林业专家费尔诺博士领导下于 1898 年创办的，附属于康奈尔大学。1900 年，美国创办了第一所林业研究院,附属于耶鲁大学。到1910年,美国已建立16所林学院。美国各州基本都有自己的林学院,并设有许多专业,如野生动物管理学、森林游憩、水文学、环境保护专业等。

➡➡ 中国的林业教育

✢✢ 清末至民国时期

中国近代林业教育始于清末,系统的林业教育则开始于民国时期。彼时林业法律法规不断完善,林业科教事业也取得一定进展。清末废除科举制度后,清政府开始效仿欧美各国和日本兴办各类学校,1903年,在张之洞等人建议下成立了含理工农医专业的京师大学堂以及高中初等农业学堂,里面设有林科,但出于各种原因,并未实现招生。民国时期的高等林业教育,是在大学农学院里设立森林系或在农业专门学校里设置林科。1923年,北京农业大学设立了森林系。北洋政府时期共有8所大学的农学院设立了森林系。后因抗战爆发,林业教育陷入瘫痪。民国时期的林业教育虽然断断续续,但为新中国成立后的林业教育奠定了基础,起到承前启后的作用。

✢✢ 新中国成立后的林业教育

新中国成立初期,我国少有林业专业人才。20世纪

50 年代，由多所学校的森林系合并成立了北京、东北、南京 3 所林学院，并在 13 所农学院中保留或增设森林系，开启了正规林业教育的时代。在建设新中国林业教育体系的同时，林业专业建设和体系也逐步完善。到 1996 年，普通高等林学学校设置的本科专业增至 134 个，形成了以林科为主、多学科结合的专业体系。1998 年，教育部对高等教育专业进行调整，基于科学、规范和宽口径、增强适应性原则，将高等林业院校原有的 18 个林科专业调整到仅剩 8 个专业，其中经济林专业被取消，经济林本科专业被合并到大林学专业。如今，随着绿色发展、生态文明建设和乡村振兴的加快推进，经济林专业人才的严重匮乏及国家对经济林专业人才的需求越来越急迫，2018 年教育部重新批准在北京林业大学设立经济林专业，自此地方涉农涉林高校也纷纷开设经济林专业以适应社会发展需求。

▶▶ 林学的定义及内涵

早期的林学定义一般认为，林学是一门研究如何认识森林，如何培育、经营、保护和合理利用森林的应用科学。传统林学多注重技术和应用层面的研究，如以森林为研究对象的培育和经营管理活动，或以木材为研究对

象的采运和加工工艺等。随着时代的变迁、技术的发展
和森林功能的拓展以及人民对美好生活的向往,林学的
定义和内涵也在进一步丰富。

现代林学定义认为,林学是一门研究森林的生长发
育规律和结构功能以及对森林进行培育、管理、保护和利
用的自然科学,包括造林、经营、护林、森林采伐与更新、
林产品的采集与加工、生态与环境、林业政策及管理等内
容。其研究对象森林包括天然林和人工林,以及森林与
环境以及其他生物的关系等。其中,天然林根据起源可
以分为原始天然林、天然次生林等;人工林根据培育方式
可以分为粗放经营模式、集约经营模式、近自然经营模式
及结合天然更新培育的人工林等。相较于传统林学,如
何平衡森林恢复活动中的"生态系统服务"与人类木材方
面的需求也是现代林学需要研究的内容。人工林在木材
生产功能上的成效大于天然林,但天然林可以更好地支
持生物多样性保护和实现地表碳存储、土壤保持、水源涵
养的生态系统服务。因此,如何实现绿色发展就是以后
林学要解决的问题。

林学是自然科学与社会科学的集大成者,其内涵随
着社会和时代的发展而变化。现代林学学科更是衍生发
展出了生态、森林工程、森林经营和保护、野生动植物保

护、环境工程、园林、林业经济与政策管理等多学科。此外，林学虽然是一门实践性很强的学科，但也是一门很重视理论研究的学科，依托科技创新驱动我国森林高质量发展，解决"卡脖子"的技术问题，提升森林经营水平和智能化水平，是实现森林的高质量和可持续发展的必由之路。

➡ ➡ 现代林学理念的形成与发展

新中国林垦部（现为国家林草局）第一任部长梁希上任之初即制定了全国林业建设的总方针，即普遍护林，重点造林，合理采伐与利用。他为新中国的林业发展规划出道路和远景："无山不绿，有水皆清，四时花香，万壑鸟鸣，替河山装成锦绣，把国土绘成丹青，新中国的林人，同时是新中国的艺人。"该远景目前也成为我国林业院校的办学理念。梁希先生主张林业及林业教育的独立发展，并在新中国成立初期就筹建了 3 所林业院校，加强对林业人才的培养，提出对自然风景区的保护和经营，开创了新中国林业的新篇章。1984 年，国家颁布了《中华人民共和国森林法》，宣传依法治林，在对森林进行采伐的基础上更加注重森林的多种效益。20 世纪 90 年代后，我国开始注重林业的生态效益，坚持生态功能与经济功能兼顾的原则,均衡发展。该举措对林业改革和发展产生了重要影响,并按森林的用途和生产目的,把林业划分为商品林业、公益林业和兼容性林业,以此通过专业化分工协作来提升林业经营效率,实现产业型林业和事业型林业的分离。

进入 21 世纪后,我国生态问题凸显,生态与发展不平衡问题日益加剧。2016 年,习近平总书记提出人与自然要和谐发展,加强生态文明建设,提出生态优先、绿色发展理念,指出环境就是民生。要像保护眼睛一样保护生态环境,像对待生命一样对待生态环境,把不损害生态环境作为发展的底线。可以这样说,没有任何一个时代如现在这样如此重视生态环境保护,把环境问题作为重要的民生问题对待,这也体现了我们国家在生态环境治理与保护方面的决心。"绿水青山就是金山银山",如今,绿色低碳、高质量发展模式也成为当今林业和林学发展的新理念。不可否认的是,在新的林学发展理念指引下,林业也迎来了春天,高质量发展必将进一步全面推动乡村振兴的实施,加快美丽中国建设的步伐。

➡➡ 我国林业发展的几个阶段

我国林业发展大体经历了四个阶段:一是古代狩猎

和采集林业阶段(前475年以前),林业主要以燃料、木材及其他林产品形式为人类所利用;二是漫长的农耕林业阶段(前475—1949,封建社会和半殖民地社会),该阶段又可分为中世纪林业(前475—1840)的森林恢复与培育阶段,近代林业(1840—1919)的森林永续利用阶段以及现代林业(1919—1949)的森林生态效益与社会效益阶段;三是新中国成立后的工业利用型林业阶段(1949—1992),该阶段以木材利用为主,服务于国家经济建设,兼顾生态和社会效益;四是可持续发展林业阶段(1992至今)。同国外林业发达国家相比,我国林业发展历史实践多,但形成的理论体系少,与林业发达国家在林业研究上的差距逐渐拉大,尤其在林业教育和林学学科方面更是落后,缺乏专门从事林业研究的人才,林业也仅仅是附属在大农业中的一部分。

❖❖ 先秦时期的林业

我国古代的原始农牧业,无论是狩猎经济还是采集经济,均是以毁掉森林为前提而取得食物。随着社会的发展,到春秋战国时期,已经有多种机构、官职负责林业管理,人类对森林的开发和利用进入了一个有序利用的阶段,在森林培育、采伐、木材加工、兴造技术方面都取得了很大的进展,开始提倡植树造林,并出现了木建筑、园林、桑蚕技术的发展。在《诗经》《周礼》《尔雅》《管子》等著作中,可以看到诸多林业思想和物候管理的记述,体现了我国传统林业的科学思想。其中《大戴礼记·夏小正》和《礼记·月令》记载了"四时教令""以时禁发",即把季节的变化和农林生产结合起来,体现了物候学的思想。诸子百家中,以儒家、法家、道家的林业思想最为浓厚。儒家思想中以孟子、荀子为代表,主张仁爱,以时禁发,合理保护利用农林资源。孟子甚至以其居住地牛山之木进行论述,强调森林保护,并提出了园圃经营模式。荀子提出"强本节用",为森林永续利用思想的雏形。法家的林业思想在《管子》中有所体现,其著名的树木树人论断即出自此("一年之计,莫如树谷;十年之计,莫如树木;终身之计,莫如树人"《管子·权修》),可见其对农林业生产的重视程度。法家主张以法护林,实现以时禁发,并设立官员监督农林生产,开始重视水土保持工作,在兴修水利时"树以荆棘,以固其地,杂之以柏杨,以备决水"。道家以老庄思想为代表,主张道法自然,人与自然和谐而生。可以说,先秦时期的诸子百家,对于森林的合理开发利用提出了具体的举措,并具备了基本的生态保护思想。人类从此开始走进了永续利用森林的时代。

✛✛ 秦汉三国魏晋南北朝时期的林业

随着农耕技术的发展、大型土木工程和林苑的建设、薪炭的使用、战争的破坏等,人类对森林的利用程度加剧,对森林资源也造成了严重的破坏,森林面积逐步减少,生态环境有所恶化,但这个时期的森林覆盖率依旧在40％以上。《阿房宫赋》记载"六王毕,四海一,蜀山兀,阿房出",形象地描述了阿房宫建造过程中对林木的大量消耗使用,蜀山森林资源尽毁的景象。森林培育技术、加工技术等也有了进步,农林生产有了一定的发展,并初步形成了一定规模的农林复合经营模式。另外,利用树皮进行造纸的技术出现,大大促进了社会文化的发展,经济林利用得到加强。司马相如的《上林赋》中就记录了丰富的经济林资源,如"卢橘夏熟,黄甘橙楱,枇杷燃柿,亭奈厚朴"等。《货殖列传》中记录了林木的规模化经营模式,如"安邑千树枣,燕、秦千树栗,蜀、汉、江陵千树橘"等。农桑得到大规模发展,在技术上提出了因地制宜种树的理念,提出了农林复合经营模式,如桑黍复合经营模式。一些古书中更是记载了黍桑混合种植技术、桑苗截干、经济林修剪原则等,目前来看也是非常先进的方法和理念。在这些专业书籍中,《氾胜之书》是我国早期重要的农书,记载了两千年前黄河流域的旱作农业,可惜后期失传。

我国第一部中药学著作《神农本草经》约成书于汉代，其中多为可入药的林产品。汉代张骞出使西域，开始了外来物种的引入，如葡萄（又名蒲陶或蒲萄，引自欧洲）、石榴（又名安石榴，产自安息国，即现在的伊朗）、核桃（又名胡桃、羌桃）、法国梧桐、菩提树等。

✦✦ 隋唐五代时期的林业

该时期，北方地区的森林因战乱遭到极大破坏，南方地区的森林则相对保存完好。森林的破坏，导致黄河水患日益频繁，部分河流也开始变混浊，平原丘陵地区已无森林，西北地区的胡杨林、红柳林开始枯死，呈现出荒漠化景观。为应对战乱饥荒，统治者大力推广发展经济林，如要求栽植桑、榆、枣树等，并出现了能自给自足的庄园经济，如规模化种桑、梓、竹、柳、枸杞、葡萄、石榴等。唐代由于牧马业、制盐业、雕版印刷业的快速发展，对于薪炭林的需求剧增，森林遭到大规模砍伐，出现"齐、鲁间松林尽矣，渐至太行"的场景。随着经济和技术的发展，对于桐油的利用开发已经非常普遍，如用作船体的防腐剂、制作防水纸等。另外，油桐的选育也已开始，如选择种植具有矮化性状、高产且能缩短童期早结实的品种，使得油桐的种植由粗放经营向着集约化方向转化。盛唐时期，漆器的流行也大大促进了漆树和漆文化的发展。柳宗元当年被贬永州时,曾赋诗"却学寿张樊敬侯,种漆南园待成器"进行咏志。此外,唐代杜牧的"一骑红尘妃子笑,无人知是荔枝来",也体现了唐代经济林果业的发展,无论是栽培技术还是保鲜技术都非常先进。到了唐代,枣树已作为法定造林树种,以补粮食之不足。可见,历朝历代,木本粮食、木本油料都与老百姓的生活息息相关,并不断得到统治者的认可和重视。当然,随着林果业的规模化种植,病虫害防治也得到重视,如根据害虫特性,防治柑橘白蚁,用火防治蝗灾、防治杏树天牛幼虫等。随着经济贸易的繁荣,茶文化和花卉文化开始兴起,这在现代出土的唐代艺术品上也可见一斑。

❖❖❖ 宋元时期的林业

从 960 年至 1363 年的 400 余年间,不同程度的战争和朝代更迭,影响着人们对于森林资源的开发和利用。天然林日益减少,人工林有了明显的增长,国家对经济林的重视程度进一步增强。国防林、堤岸林、行道树、用材林及经济林的培育日益受到重视。社会对木材的需求快速增长,木材贸易繁荣,同时也带来了对森林的大量采伐。出于军事和抵御外侮的需要,宋朝政府重视营造边防林。如为抵御契丹,"遍植榆柳于西山,冀其成长以制蕃骑"。同时,种植桑果茶等经济林和竹木成为重要的产

林学的起源与林业的发展

业。桑柘种植遍及全国，北宋李觏论述经济问题的著作《富国策》记载"平原沃土，桑柘甚盛"。"桑枣之利，衣食所资"，桑枣产业作为关乎民生的产业，被宋太祖纳入法律条文。这一时期，果业发达，南方多发展柑橘，而梨、栗、柿则南北有之。出现了名优特产品，如《文昌杂录》记载"南方柑橘多"，唯洞庭柑橘最佳；《荔枝谱》说"产闽粤者，比巴蜀、南海又为殊绝"。宋代随着手工业、建筑业、冶矿业、车船业等的发展，对森林的需求和砍伐达到一个顶峰。元朝定都大都，北京西山森林遭到大规模砍伐。在林业技术方面，林木种植管护、果木培育技术、木工技术及林产品加工技术都得到大幅度的发展。苏轼依据生物学特性，总结了松苗的管护方法，其文章中对"种松法"有详细记载。此外，该时期的著作亦记载了茶树的种植管理经验，依据茶树耐阴的特性，提出了桐茶间作。扦插技术被广为利用，用于经济林繁育的嫁接，高位压条技术、埋土防寒措施也开始应用，甚至出现了南果北移的栽培模式。《农书》《农桑辑要》是这个时期农林生产实践知识的总结，如"移树无时，莫教树知；多留宿土，记取南枝"等谚语充分反映了宋元时期农林业的发达。此外，该时期建筑、造船、桥梁技术达到较高水平，这也得益于木工技术的发展。林产品的加工技术方面，有了割漆的详细记载,以及出现了果酒、饮料等制作技术。说明这一时期人类对大自然的开发利用已经达到了较高的技术水平。该时期统治者亦非常重视对森林的保护,认识到其生态效益,重视植树造林。此外,宋朝文人墨客多,这个时期的花卉文化、竹文化、茶文化也得到长足发展。

❖❖ 明清时期的林业

明清时期,森林面积锐减,在丘陵平原人口稠密地区,已出现缺材短薪局面。到清代前期,我国的森林主要集中于东北和西南等地。清代诗人赵翼《树海歌》中"……我行远到交趾边,放眼忽惊看树海……始知生自盘古初,汉柏秦松犹觉嫩……肩排枝不得旁出,株株挤作长身撑……绿阴连天密无缝,那辨乔峰与深洞……"反映了该时期云南南部的原始森林面貌。由于对建筑用木材的需求量大,长江流域的森林遭到严重破坏。如永乐年间北京宫殿的建造,以楠木为主要材料,当时的楠木和杉木遭到大肆砍伐。此时的统治者依旧大力劝课农桑,注重桑果茶的发展,尺寸之地,必树之以桑。植树造林,尤其对于用材林的营造方面,力度加大。郑和七下西洋,推动了木材对外贸易的发展,引进了紫檀、沉香、乌木、檀香等珍贵木材。

这个时期有一部重要的农业书籍——明徐光启所著的《农政全书》。该书充分记录了林业方面的科学技术发展，如如何培育良种，如何通过嫁接缩短林木生长周期，并描述了嫁接时期、方法，接穗的选择，还记载了如何通过修剪去掉旁枝培育大径通直木材，以及春分前剪去繁枝及树梢以增大果实个头等。对于大树移栽，也在前人基础上进行了改进，如"宜先宽掘土封。渐用竹木剔去旁土，勿伤细根。约量人力可致者，以绳束之。新坑，勿掐，令阔大，令根须条直，不可卷曲。"此时期的林产品加工技术发展到一个新水平，如乌桕取油、桐油的榨取、蒸馏技术、樟脑的制作、漆的采集加工、竹木的利用都达到了一个较高的水平。明清时期的农林古籍众多，也反映了这一时期的农林业的发展达到了较高的理论水平。比较有代表性的古籍有李时珍的《本草纲目》、吴其濬的《植物名实图考长编》和《植物名实图考》、宋应星的《天工开物》等，均对农林业技术有较为详细的介绍。园艺植物方面的文献典籍有陈淏子的《花镜》，该书详细论述了园艺观赏植物的栽培理论，并对不同类型植物的栽植方法进行了单独论述。果树栽培方面的专著有张宗法的《三农纪》，该书对气候、环境、不同植物类别等进行了阐述，如提出了果树的隔年栽植法和石榴保鲜技术等。在林业政策方面,统治者除了劝课农桑之外,由于黄河流域、长江流域水患频繁,开始注意保护山林资源,制止乱砍滥伐,尤其对于陵寝和风水林、边防林禁止砍伐,在一定程度上起到保护森林资源的作用。

❖❖❖ 中国近现代林业

由于列强入侵,近代中国森林资源遭受破坏和掠夺,如清政府先后与沙俄签订了《中俄瑷珲条约》和《中俄北京条约》,将我国东北100多万平方千米的土地划给了沙俄,其中包括6 819.7万公顷森林。抗日战争期间,日本占领东北全境,对当地的森林资源进行了大规模的采伐和毁灭。到民国时期,全国森林覆盖面积仅为8%。1915年,袁世凯说:"外国人论森林缺乏之国,每引中国为例,所有木料,多由外输,遂致利权坐滥,沃壤就荒,广土众长,时虞艰困。"可见当时的中国森林资源之匮乏。

西方列强打开中国大门的同时,也促进了中国近代林产品贸易发展。木材、纸张、茶叶、桐油是林产品贸易的大宗商品。抗战期间,国民政府为了缓解财政困难,与美国政府签订《中美桐油借款合约》,借款2 500万美元,并以桐油作为偿还物资。此外,茶油、生漆、核桃、板栗、白蜡、樟脑、五倍子、桂皮、柞蚕丝等,也进行出口贸易。

林木培育方面,杉木和马尾松得到了长足的发展。此外,
近代以来还引种大量外来树种,如刺槐、桉树、巴西橡胶、
薄壳山核桃、咖啡、油棕、广玉兰、美国白蜡、鹅掌楸及各
种松杉类树种。造纸业和木材加工业得到发展,西方先
进的技术与管理方式亦传入中国。因此,近代中国史既
是一部外国列强瓜分和掠夺资源的历史,也是一部先进技
术和管理方式传入中国的历史,这个时期大批有志之士出
国留学,这些人学成回国后奠定了中国现代林业发展的基
础。如凌道扬为中国第一位林学硕士,也是近代中国放眼
世界林业第一人,提出了森林的生态效益;再比如陈嵘、
姚传法、郝景盛、梁希等,都是中国现代林业的先驱。

▶▶ 新中国成立以来实施的重大林业工程

➡➡ "三北"防护林体系建设工程

　　为了防治风沙危害、水土流失,改善生态环境,1978
年11月,国家启动实施了林业重点生态建设工程,在三
北地区(西北、华北和东北)建设大型人工林业生态工程。
工程时间从1978年至2050年,分三个阶段实施,规划造
林5.35亿亩。到2050年,预计三北地区的森林覆盖率
将由1979年的5.05%提到14.95%。工程横跨13个省

（自治区、直辖市），涉及551个县（市、旗），总面积达406.9万平方千米。"三北"防护林工程的实施是我国改善生态环境，减少自然灾害，维护生存空间的战略需要。三北地区分布着中国的八大沙漠、四大沙地和广袤的戈壁，总面积达149万平方千米，约占全国风沙化土地面积的85％，形成了东起黑龙江、西至新疆的万里风沙线。"三北"防护林工程的第一个阶段是建设以木本植物为主体的高效综合防护林体系，遏制风沙危害加剧和水土流失扩大的态势，体现的是保生态、保生存、保发展的现实需求。第二个阶段是进入20世纪90年代，为调动人民群众积极性，确立了建设"生态经济型防护林体系"的指导思想，经济林比重由初期的5％提高到25％，在实施脱贫攻坚中发挥了重要作用。第三个阶段从2021年开始，随着生态文明建设和乡村振兴战略的实施，"三北"防护林工程也确立了"以生态建设为主线，统筹生态建设和民生改善"的目标，将国土绿化和特色产业基地、林下经济发展融合，促进森林资源的综合开发利用。

➡➡ **天然林保护工程**

　　1998年我国发生了特大洪涝灾害，严重暴露了我国天然林缺失引发环境灾难的现实。针对这种情况，我国做出了实施天然林保护工程的重大决策,这是一项庞大的、复杂的社会性系统工程,旨在从根本上遏制生态环境恶化,保护生物多样性,促进社会、经济的可持续发展。天然林保护工程通过天然林禁伐和大幅减少商品木材的生产,来实现天然林的休养生息和恢复发展。天然林保护工程核心区覆盖长江上游、黄河上中游和东北、内蒙古等林区。工程分三期进行,近期以调减天然林木材产量、加强生态公益林建设与保护、妥善安置和分流富余人员等为主要实施内容。中期以生态公益林建设与保护、建设转产项目、培育后备资源、提高木材供给能力、恢复和发展经济为主要实施内容,基本实现木材生产以采伐利用天然林为主向经营利用人工林方向的转变,人口、环境、资源之间的矛盾基本得到缓解。远期目标是天然林资源得到根本恢复,基本实现木材生产以利用人工林为主,林区建立起比较完备的林业生态体系和合理的林业产业体系,充分发挥林业在国民经济和社会可持续发展中的重要作用。

➡➡ **退耕还林工程**

2001年3月,退耕还林工程被正式列入《中华人民共和国国民经济和社会发展第十个五年计划纲要》,成为继天然林保护工程之后我国生态环境建设的又一历史性举措。长期以来,盲目毁林开垦和进行陡坡地、沙化地耕种,造成了我国严重的水土流失和风沙危害,洪涝、干旱、沙尘暴等自然灾害频频发生。自 1999 年开始,国家从保护生态环境出发,决定将水土流失严重的耕地,沙化、盐碱化、石漠化严重的耕地以及粮食产量低而不稳的耕地,有计划、有步骤地停止耕种,因地制宜地造林种草,恢复植被。截至 2019 年,我国实施退耕还林还草 5 亿多亩,总投入超过 5 000 亿元。

▶▶ 中国林业现状

改革开放以来,我国森林覆盖率从改革开放之初的 12％提升到 2022 年 9 月的 24.02％,森林面积达 34.60 亿亩,但我国仍然是一个缺林少绿、生态脆弱的国家,森林覆盖率远低于全球 31％的平均水平,人均森林面积仅为世界人均水平的 1/4,人均森林蓄积也只有世界人均水平的 1/7。森林资源总量不足、质量不高是我国目前森林的特点,且森林资源分布也极其不平衡,主要分布在东部地区,西部地区平均森林覆盖率仅为 11.99％。作为林产品需求和进口大国,目前我国林业的经营管理还是存在低质低效、粗放管理问题。我国林分年生长量只有林业

林学的起源与林业的发展

发达国家的 1/2。新西兰用占国土面积 6% 的 180 万公顷人工林，生产并满足了新西兰 99.2% 的工业用材需求。未来我国需依托科技创新驱动森林高质量的发展，解决"卡脖子"的技术问题，选育适应性强的优良品种，提升森林经营水平，实现森林的高质量和可持续发展。

❖❖ **大食物观下的林业发展机遇**

截至 2020 年底，全国森林植被总碳储量达 92 亿吨，作为陆地生态系统的主体和重要资源，森林在减缓和适应气候变化中具有特殊地位，发挥着不可替代的作用。《中共中央　国务院关于做好 2022 年全面推进乡村振兴重点工作的意见》中对于林业发展做出了重要指示，也指明了我国林业未来要重点发展的方向。如支持扩大油茶种植面积，改造提升低产林；开展天然橡胶老旧胶园更新改造试点；引导新发展林果业上山上坡，鼓励利用"四荒"资源，不与粮争地；逐步调整优化生态护林员政策；实施生态保护修复重大工程，复苏河湖生态环境，加强天然林保护修复、草原休养生息；科学推进国土绿化；支持牧区发展和牧民增收，落实第三轮草原生态保护补助奖励政策；构建以国家公园为主体的自然保护地体系；加强农机装备工程化协同攻关，加快大马力机械、丘陵山区和设施园艺小型机械、高端智能机械研发。这些意见表明了我国在加强森林草原生态保护的同时,也要大力发展经济林的决心,并逐步实现机械化和智能化发展,继续贯彻执行"绿水青山就是金山银山"的绿色发展理念,挖掘和实现森林的经济效益、生态效益的最大化,确保国家粮油安全和生态安全,加速推进乡村振兴。

粮食安全是"国之大者"。根据 2021 年第三次全国国土调查数据,我国耕地面积是 19.179 亿亩,而国家规定的耕地红线是 18 亿亩,有效的耕地面积更是呈逐年减少趋势。我国森林面积达 34.60 亿亩,因此如何利用好森林资源,关系着粮食安全问题以及未来保障饭碗牢牢端在自己手上的重大战略问题。何为"大食物观"?这是一个相对比较新的概念,同时也蕴含着深刻的辩证思想和宏伟蓝图。大食物观就是在耕地有限的情况下,向耕地草原森林海洋、向植物动物微生物要热量、要蛋白,全方位多途径开发食物资源,从而代替传统的以粮为纲的旧观念,确保国家粮食安全。对于林业而言,经济林、林下经济产业在大食物观念指引下未来必大有可为,且必须有所作为,将国土绿化与生态基地、特色产业基地建设相结合,综合开发利用林地资源,真正实现生态与民生融合,兴林与富民同步,更好地满足人民群众日益多元化的食物消费需求。

事实上,历朝历代的统治者对于涉及国计民生的经济林的发展尤为重视。唐代将枣树作为法定造林树种,以补粮食之不足,尤其在战乱饥荒和遭遇自然灾害的年代,木本粮食更是不可或缺。而事农桑更是被视为国之本,在汉代即出现了农林(桑黍)复合经营模式,显示当时农林经营达到了较高的水平与较大的规模。我们的祖先在 7 000 年前就开始了对核桃、枣、榛子、桑、板栗等的利用,可见人类对木本粮食的利用由来已久。树立并践行大食物观,全方面开发利用森林资源,确保中国人的饭碗主要装中国粮,不仅是农业的事情,还是新时期对林业发展提出的新的要求和挑战,同时也是林业发展的最佳机遇。

▶▶ 当代中国的林学精神

新中国成立之初,森林覆盖率下降到历史最低值。各地生态环境告急,盐碱侵袭,水涝干旱频发,风沙肆虐,人民苦不堪言。河北的塞外,河南的兰考,福建的荒岛,地处沙漠边缘的山西、甘肃、内蒙古等,都属于风沙肆虐的重灾区。为了生存和改变现状,造福子孙后人,从 20 世纪五六十年代开始,当地领导干部和民间有识之士,带领老百姓艰苦奋斗,植树造林,科学治沙,到如今已历经三代,涌现出一批可歌可泣的林业人楷模、优秀干部,孕育形成多项伟大的奋斗精神启迪着后人。"前人栽树,后人乘凉",如今这些地方已经从荒丘变成绿洲,后人也开始享受祖辈植树造林带来的生态效率和经济效益,在走向富裕的路上践行着"绿水青山就是金山银山"的理念。他们的丰功伟绩和奋斗精神,值得后人学习和敬仰。

➡➡ 从一棵树到一片林海——塞罕坝精神

塞罕坝,意为"美丽的高岭",地处内蒙古高原与河北北部山地的交接处。就如同其名字一样,历史上的塞罕坝是一处水草丰美、森林茂密的地方,辽金时期被称作"千里松林",清朝在此设立"木兰围场",作为皇帝狩猎之所,有"水的源头、云的故乡、花的世界、林的海洋"之称。随着清王朝吏治腐败和财政颓废,内忧外患的清政府在1863年开围放垦,森林植被不断遭受破坏,后又有日本侵略者的掠夺采伐和连年山火,到解放初期,这里的原始森林已荡然无存,取而代之的是高原荒丘和"飞鸟无栖树,黄沙遮天日"的荒凉景象。

20世纪60年代初,来自全国18个省市,平均年龄不到24岁的369名创业者集结上坝,开始植树育林。10年间,植树造林60多万亩。然而,1977年和1980年,一场雨凇灾害和百年不遇的大旱,让32万亩林木毁于一旦。在一代代林业人的努力下,依靠科技力量,不断创新改进造林方法,如用雪藏种子育苗法,成功培育出了樟子松壮苗。改进了植苗锹,创造了"三锹半缝隙植苗法",创新了沙棘带状密植、柳条筐客土造林等一系列新方法。三代塞罕坝人凭借惊人的毅力,历时60年,从当初红松洼自然保护区只剩一棵落叶松兀自挺立,到苍茫的112万亩森林,如今的塞罕坝再次变成了"水的源头、云的故乡、花的世界、林的海洋"(图2)。如今的尚海纪念林记录了塞罕坝第一任党支部书记王尚海带领大家植树造林的历程,已经成为塞罕坝精神的发源地,如今也是游人的"打卡之地"(图3)。据统计,如果按1米的株距排列,塞罕坝的林木可以绕地球赤道整整12圈,相当于给这个蓝色星球系上12条漂亮的"绿丝巾"。如今,这片绿色屏障紧紧扼守在内蒙古浑善达克沙地南缘,与河北承德、张家口等

图2　如今的塞罕坝

58

图 3　尚海纪念林草原、湖泊和森林紧紧相依

地的茂密森林连成一体,筑起一道绿色长城,成为京津冀和华北地区的风沙屏障、水源卫士。习近平评价"塞罕坝精神是中国共产党精神谱系的组成部分",2017 年,塞罕坝林场建设者被授予联合国环保最高荣誉——"地球卫士奖",这也是给予塞罕坝人最高的奖励。

➡ ➡ 兰考泡桐变成大产业——焦裕禄精神

20 世纪 60 年代的河南兰考县,同样也面临黄河水患内涝、风沙、盐碱地的疯狂肆虐,这"三害"成了压在兰考人民头上的"三座大山"。为了治理风沙,时任县委书记焦裕禄通过认真调查研究,决定在全县大力推广种植本地树种——泡桐树,以便抑制风沙灾害,提高粮食作物的产量。他抽调 20 名干部、老农和技术员,组成一支"三害"调查队,在全县展开了大规模的追洪水、查风口、探流沙的调查研究工作。他亲力亲为,参加野外调查,历时 2

年多,查清了全县 84 个大小风口,逐个进行编号、绘图,为防灾抗灾积累了第一手资料。他带病坚持工作,带领全县人民顽强斗争,战天斗地,奋力改变着兰考的贫困面貌。

如今,盐碱地上长出来的兰考泡桐是我国八大优良树种之一,其材质优良,韧性足、音质好,是当地古琴产业的重要原材料。兰考泡桐共种植 5 万余亩,每年可向国家提供 3 万多立方米的桐材,带动 4 万余人就业,形成年产值 100 多亿元的"泡桐经济产业链",成为当地经济的重要支柱。焦裕禄亲手种下的泡桐,如今被当地人亲切地称为"焦桐"。基于焦裕禄同志在治沙、治涝、治碱方面的卓越贡献,2021 年党中央将焦裕禄精神——"亲民爱民、艰苦奋斗、科学求实、迎难而上、无私奉献"纳入中国共产党人精神谱系。

➡➡ 林业人楷模谷文昌——力将荒岛变宝岛

1950 年 5 月,刚刚解放的福建东山,拥有 3.5 万多亩荒沙滩,狂风飞沙时时侵袭村庄,吞噬田园。时任中共东山县第一区工委书记谷文昌发誓:"不制服风沙,就让风沙把我埋掉!"1958 年春,他向全县发出号召:"上战秃头山,下战飞沙滩,绿化全海岛,建设新东山!"他不畏艰苦,

60

亲自担任造林实验小组组长,组织群众筑堤拦沙、挑土压沙、植草固沙、种树防沙,在全县掀起轰轰烈烈又扎扎实实的全民造林运动,曾经在数天时间内栽上 20 万株木麻黄树。岂料气温骤降,持续一个月倒春寒,树苗大部分冻死。他带领东山县人民锲而不舍,一干就是 14 年,终于把一个荒岛变成了宝岛。至 1964 年共造林 8.2 万亩,全县 400 多座小山丘和 3 万多亩荒沙滩基本绿化,141 千米的海岸线筑起"绿色长城"。谷文昌还发动群众挖塘打井、修筑水库、开发利用地下水资源,缓解了东山旱情。这位来自河南的干部把中原的先进生产技术、工具介绍到东山,又把南方的经验传播到老家林县。2001 年 4 月,福建省林业厅将谷文昌誉为"林人楷模"。2009 年 9 月,谷文昌同志被选为"100 位新中国成立以来感动中国人物"。

➡➡ **久久为功、利在长远——右玉精神**

右玉县地处晋蒙两地交界,解放初期,全县林木绿化率不足 0.3%,风沙严重,生态环境十分脆弱。从 20 世纪 50 年代开始,右玉县开始植树造林治理风沙,并在不同的时期提出了不同的造林思路。20 世纪 50 年代植树绿化;

60年代造林锁风沙,突出风沙治理;70年代狠抓防护林体系建设;80年代适地适树,进一步提高造林质量;90年代进行乔灌混交,推行立体造林模式,建立绿色屏障。进入21世纪后,遵循退耕还林、集中连片绿化的发展理念。经过右玉人民70多年坚持不懈的造林治沙,如今全县有林面积达169万亩,林木绿化率达56%,变成了全国闻名的塞上绿洲、国家生态文明建设示范县、"绿水青山就是金山银山"实践创新基地,同时孕育形成了宝贵的右玉精神。2011年3月以来,习近平总书记先后6次对右玉精神做出重要批示和指示,"右玉精神体现的是全心全意为人民服务,是迎难而上、艰苦奋斗,是久久为功、利在长远";"右玉精神是宝贵财富,一定要大力学习和弘扬"。右玉精神体现的不仅是一部防风固沙、改善生态的绿化史,更是一部不畏艰难的奋斗史。2020年5月12日,习近平总书记在山西视察时再次强调:"要牢固树立绿水青山就是金山银山的理念,发扬右玉精神,统筹推进山水林田湖草系统治理,建设山清水秀、天蓝地净的美丽山西。"

➡➡ 时代楷模——八步沙精神

八步沙位于甘肃省武威市古浪县境内,位处中国第四大沙漠——腾格里沙漠的南缘,这里是青藏高原生态安全屏障的核心区域和北方防沙带的中心地带,也是全国荒漠化、沙漠化最为严重,水资源极度短缺的地区之一。八步沙曾是当地最大的风沙口。20世纪六七十年代,八步沙周边风沙危害严重,生态环境十分恶劣。当地曾有俗语"一夜北风沙骑墙,早上起来驴上房"来形容风沙的肆虐。1981年,石满等6位年过半百的农民,决定承包治理7.5万亩流沙,6枚鲜红的指印,按下了一个不服输的诺言和矢志治沙的初心,从此开启了有组织有规模的治沙之路。如今以"六老汉"为代表的八步沙林场三代职工,已完成治沙造林21.7万亩,管护封沙育林草面积37.6万亩,林草植被覆盖率达到60%以上,为子孙后代换得了绿色家园,生动书写了从"沙逼人退"到"人进沙退"的绿色篇章,为生态环境治理做出了重要贡献。2019年,中共中央宣传部授予古浪县八步沙林场"六老汉"三代人治沙造林先进群体"时代楷模"称号,号召广大干部群众向他们学习。如今,八步沙人继续坚持绿色发展模式,开始发展沙产业和林下经济,在黄花滩移民点建立枸杞、红枣等经济林基地和梭梭接种肉苁蓉基地,助力当地乡村振兴。

林学的起源与林业的发展

➜➜ 人民楷模李保国——太行新愚公精神

由于历史上森林砍伐严重，太行山区缺林少绿，生态环境脆弱。1996年8月，在内丘县岗底村，耕地被洪水冲垮。李保国带领科技救灾团把全村8 000多亩山场的沟沟坎坎踏了个遍，研究如何种植果树和经济作物，向荒山要收益。经过调查，他提出：第一产业是苹果；第二产业是板栗；然后，还做了一个第三产业，就是所有的林下要间种苜蓿，用苜蓿养小尾寒羊。通过这三个产业，让全村老百姓最多用5年时间，年人均收入达到15 000元。他扎根山区35年，最终让140万亩荒山披绿，带领10万名农民脱贫致富，完成28项研究成果，推广36项实用技术，科研成果累计应用面积达1 826万亩，培育了16个山区开发治理先进典型，使山区增收58.5亿元。李保国生前有一个梦想，就是让自己变成农民，让更多的农民变成他。"农民需求是什么样的，我怎么从这个角度把我的山治好、把我的树种好，这是要把我变成农民；把农民变成我，就是要全力以赴提高农民的素质，把我们的农民个个变成专家，真正靠我们的农业产业、靠山吃山富起来。"习近平总书记称赞他是新时期共产党人的楷模，知识分子的优秀代表，太行山上的新愚公。新中国成立70周年之际，李保国获得"人民楷模"国家荣誉称号。

▶▶ 中国林学代表人物

民国之前,我国并无专门的林业学校和林业教育。明清之前的林业教育包含在农学学科中,林业不被重视,林业教育更是严重滞后,林业人才极度缺乏。在我国林业教育处于几乎空白的年代,一批从国外归来潜心问道、开展教学研究的爱国知识分子,对我国现代林业发展思想、林业政策的制定及林业教育体系的建立发挥了重要作用。20世纪二三十年代,张海秋、陈嵘、梁希、李寅恭等林学家致力于引进西方森林科学技术,结合我国传统林业,为我国现代林业科学技术的发展做了诸多开创性工作。此处重点介绍一下中国历史上对农业有重要贡献的农学家以及近代对中国林业教育事业有重要奠基作用的林学家们。

➡➡ 明代徐光启与《农政全书》

徐光启是明朝末年卓越的农学家,在农业和水利方面颇有研究,编著有《农政全书》。该书不仅收录了前代大量农书及其他农业方面的相关文献,而且有徐光启本人的研究成果和心得总结。作为当时睁眼看世界的第一人,他同意大利传教士利玛窦一起,翻译完成了古希腊数学家欧几里得的《几何原本》前 6 册，奠定了中国现代数学的基石。

徐光启主张"富国必以本业"，在力田之余，兼谋种植（发展林业），以备饥馑凶荒之年。他重视林业发展，在《经史典故》中援引周朝"还庐树桑"，百姓大力广植林木，其后国富民殷，以及诸多先人种树致富事迹。在《国朝重农考》中，援引明朝历代皇帝如何重视林业，如何实施林业政策，告诫当时的皇帝和官吏要同前人一样重视林业生产。他重视科学研究和实践，对多种经济林木的抗寒性差异和防止冻害的方法进行了研究。

明代中后期是中西交流会通的重要时期，徐光启在继承传统农业智慧的基础上，吸收了西方近代科技文明的一些成果。在农业生产上，他主张遵循天时、地利、物性，将儒家思想和西方科学技术融合，注重研究植物之间以及植物与环境之间的关系，发明了棉稻轮作制，以优化农作物生长与土壤承载力之间的关系，维持土壤中的生态系统平衡。他观察到不同生物之间的共生互养关系，提出羊粪饲鱼模式，体现了循环经济的思想；提出种植甘薯或麦，解决木棉遇风潮而"根拨实落"问题，体现了农林复合经营思想。他提倡科学施肥，并亲自做对比试验，证明了"熟粪法"的科学道理。徐光启的大农业生态思想观,是非常有前瞻性的,即使放到现在也不过时,和我们现代提倡的循环经济、农林复合经营模式和绿色低碳发展模式有异曲同工之妙。生态农业的核心本是基于多种生物的习性,通过人类活动协调其相互关系,发挥物种多样性优势,从而实现生态效益与经济效益的统一。徐光启的大农业生态观,既是中西文化、思想融合的结果,也是我国生态农业思想发展史上的宝贵财富。

➡➡ 近代中国放眼世界林业第一人——凌道扬

凌道扬,林学家、林业教育家,中国近代林业事业的奠基人之一,中国林学会的前身中华森林会的创始人之一。1914年,他获美国耶鲁大学林学硕士学位,是中国第一位林学硕士,近代中国放眼世界林业第一人。他提出了众多振兴林业、保护资源、发展教育、服务民生的思想。他主张"森林救国",提出了"林业兴废,关系政治盛衰,民生荣枯,国力消长"的森林国家观,呼吁政府增加林业投入。他提出振兴林业,必须先振兴林政,坚持依法治林,加强森林资源管理。他参与制定了中国第一部《森林法》,上书北洋政府,倡导以每年清明节为"中国植树节"。他著有《森林学要览》一书,在当时影响甚广,并多次再版。他协助孙中山起草了《建国大纲》《三民主义》中实业计划的林政部分。1928 年，他被聘为国立北平大学农学院森林系教授兼系主任，次年转任国立中央大学农学院森林科主任。他认为，振兴林业必须发展林业教育，首次提出把林学从农学中独立出来，形成了"坚持林业通俗教育与学校教育并举"的林业教育思想。他主张小学教科书中有必要加入林业相关知识，从小培养儿童爱林、造林的习惯。他认为大学森林系教学须考虑各地气候、土壤、森林情况不同，教学内容应根据当地实际各有侧重。他率先提出"水土保持"概念，提出造林可防止和减少水旱灾害之观点，形成了"林垦、水利工程并举合作"的水土保持思想。此外，他还参与创办中国第一份林学刊物《森林》，参与创建我国大学第一个林科，在中国近代林业史、林业教育史上都留下了浓重的一笔。

➡➡ 中国第一位林学博士——李继侗

1925 年，李继侗从耶鲁大学林学研究院毕业，获得博士学位。他是第一个在林学方面获得美国博士学位的中国人，回国后先后在南开大学、清华大学、北京大学等高校任教。1953 年，他在北京大学创办了我国第一个植物生态学与地植物学专门组织。他带领学生去海南岛、北方山地、黄土高原、河套平原等地实地考察，提出了水土流失、保护草地等问题。他重视少数民族地区的教育和科学事业,1957年放弃条件优越的北京大学教职,出任内蒙古大学第一任副校长。他发现了生长素产生于胚芽鞘尖这一现象,揭示出植物组织间的相互制约关系与补偿功能。他开展的银杏胚胎离体培养的研究,奠定了我国组织培养的基础。他也是我国植物生态学与地植物学的创始人之一,对推动我国植物科学的发展特别是植物生理学、植物生态学和地植物学的发展及相关专业人才的培养,做出了重要的贡献。

➡➡ 中国现代林业教育的先驱、森林理论学家——张海秋

张海秋是中国林业事业的开拓者、著名教育家、中国森林经理学学科创始人之一、白族语言学家。他是云南高等林业教育创始人,著有《中国森林史略》《森林数学》等专著。他于1915年考取东京帝国大学农学部林学实科,1918年毕业后回国任教,1939年受聘为云南大学森林学系首任系主任,开创了云南林业高等教育先河。他在办学过程中重视理论联系实际,强调教育与建设结合,积极建立各种实践场地和实习教学基地,注重培养学生实践能力。

他将中西所学融会贯通，以春秋时期的范蠡、北魏时期的贾思勰等的观点为例，总结教授中国古代林学和森林经理学，同时积极吸纳学习德国、日本先进的林学技术，将西方近代科学理论与中国传统林业学说及中国森林实际情况相结合，为开创中国近代森林经理学做了大量基础性工作。对我国主要树种的生长量、发芽率及育苗方法进行了较为详尽的统计和论述，率先在国内介绍西方林产品制造理论与技术，结合国内民间生产技术，对林产制造学做了深入研究与理论阐述。

　　他也是一位学贯中西的少数民族学者、语言学家，对中国文字、音韵等有较高造诣，深入研究了白语的系属问题以及演变发展过程。他一生爱钻研读书，其故居堂屋楹联：书有未曾经我读，事无不可对人言，是其一生的自我训诫。其《中国林学史略》一书是我国最早的森林史专著，体现了其深厚的中国传统文化底蕴。其《森林数学》详细介绍了德国测树学知识及计算林价、经营林业收益的方法，是林业科学领域拓荒性的教材。

➡➡ 近代林学家——陈嵘

　　陈嵘是我国著名林学家，中国现代林学的开拓者之一。1909—1913 年，他在日本北海道帝国大学林科学习，是中国近代最早的林科留学生之一。1923年，他又赴美国哈佛大学阿诺德树木园研究树木学，获硕士学位。他曾任浙江省立甲种农业学校校长、金陵大学教授兼森林系主任。他著有《中国树木分类学》《造林学概要》《造林学各论》《造林学特论》，是近代中国造林学先驱。

陈嵘认为，中国林业发展的主要任务就是造林。"我国荒山遍地，极应兼重林业，以利用荒地造林，增加生产而为复兴农村之一大助力焉。"造林可以化荒山为生产地，林业发达后可以使土地利用更加经济，兼重林业可以增加农村工作，造林可以救荒，可以减少水旱灾害，可以改善空气质量。他积极参与国民政府的造林宣传，在将造林纳入"七项运动"和"总理逝世纪念植树式"中都发挥了积极作用。他开办林场进行造林实践，考虑到中国实际，他认为造林树种应兼具经济与生态效益。他亲自勘察并制订科学而完备的造林计划，1916年他带领创办的江苏省教育团公有林是近代中国规模较大、持续时间较长、生态与经济效益都很明显的人工造林项目，到1932年底，该公有林产值已达200余万元，盈余160余万元，成为国人营林成功的一个典范。他认为发展林业必须重视林政，研究了古今中外的林政状况。他重视造林的林业思想对中国林业的发展起到了重要而积极的作用。

➡➡ 近代林业开拓者——李寅恭

李寅恭是我国林业教育家、林学家，中国近代林业开拓者之一。1914年，他自费在英国阿伯丁大学攻读农林课程，1918年毕业后，他曾在剑桥大学担任林业技师。回国后，他毕生致力于林业教育事业，1927年，他创建了南京中央大学农学院森林组，任教近20年，为我国培养了一大批林业专门人才。他热爱森林事业，对旧中国林业不被重视、山林荒废、灾荒频繁的境况忧心忡忡，经常著文宣传林业，促请政府发展林业。他也是中华农学会会员和中华森林会会员，热心参加林学会工作及与林业有关的社会活动，向社会广泛宣传林业科学知识和发展林业的重要性，为中国近代林业的发展做出了重要贡献。他非常重视防治森林病虫害的研究，自述"对于森林病虫害学性嗜研究，故所至辄喜采集研考，以观察其各个之形态与习性"。他注重在野外观察和深入林区进行实地调查研究，采集各种森林病虫害标本。他是中国比较早的研究森林病虫害的学者之一，并把西方的研究方法引入中国。

➡➡ 新中国林业部第一任部长——梁希

梁希是中国杰出的林学家、教育家和社会活动家，中国近代林学的开拓者，新中国林业事业的奠基人。1913—1916 年，他赴日本东京大学攻读森林利用学，1923—1927 年，他赴德国塔朗脱高等林业学校研究林产制造化学。1927—1928 年，他任北京农业大学教授兼森林系主任。1933 年，他任中央大学森林系（南京林业大学前身）教授、系主任。他青年时期追求进步，曾参加北伐革命，在银杏树下立下宏愿，"等闲日月任西东，不管霜风著鬓蓬。满地翻黄银杏叶，忽惊天地告成功"。硝烟弥漫中，他仍踏遍大江南北，竭尽所能为国家培养林学专门人才。

新中国成立后，在周总理提议下，年逾古稀的梁希秉持着"为人民服务，万死不辞"的信念，担任国家林垦部（后改为林业部）首任部长。他亲自深入调研，领导制定了林业工作方针和建设规划，创立了中国林产制造化学学科，促进了新中国林业的蓬勃发展。他注重将中西方结合，将西方和日本林业科技中的有益成分与中国森林实际相结合，提出发挥森林的多种效益，用国家力量经营森林，并推动和奖励民营造林；按照施业案合理经营森林，护林造林并举；发挥优势，发展特种树木；节约木材，合理利用木材。他提出要发展中国的林业，亟须从教育着手培养人才，主张林业与农业要分开发展，呼吁林业

"要独立、要专管"。在他的积极推动下，北京林学院（现北京林业大学）等多个林业院校成立，开启了我国林业专门人才培养和教育的征程。

1946 年，梁希为中央大学森林刊物《林钟》写了复刊词，向林业人提出了著名的敲击"林钟"号召："林人们，提起精神来，鼓起勇气来，挺起胸膛来，举起手，拿起锤子来，打钟，打林钟！""一击不效再击，再击不效三击，三击不效，十百千万击。少年打钟打到壮，壮年打钟打到老，老年打钟打到死，死了，还要徒子徒孙打下去。林人们！要打得准，打得猛，打得紧！一直打到黄河流碧水，赤地变青山。"这首"林钟"迄今依然振聋发聩，激励着一代代林业人。梁希先生身体力行，一生为振兴中国林业而不停地敲钟，直到他生命的最后时刻。

▶▶ 近代西方林学代表人物

世界现代林业科学大体形成于 19 世纪末，当时德国林业科学一直处在国际领先地位，此后北欧、北美和俄罗斯等国家的林业科学研究也有了快速发展，从而带动了林业科学在全世界范围内的发展。在此过程中，以德国为代表的欧洲、北美等国家与地区出现了一批现代林业科学代表性和理论奠基性人物,并建立了一系列林业科学的理论和方法,为林学成为一门独立学科奠定了基础。如汉斯·卡尔·冯·卡洛维茨提出了"可持续发展"概念,约翰·海因里希·科塔促进了林业生产到林业科学的转变,乔治·路德维希·哈尔蒂希提出了森林永续利用理论,约翰·克里斯蒂安·洪德斯哈根创立了森林经营中的法正林理论,迪特里希·布兰迪斯提高了英美及其殖民地缅印等国家林业的经营、管理水平,约翰·卡尔·盖耶尔提出了近自然林业理论,海因里希·冯·萨里施提出了森林美学概念,并将之纳入教科书。

可见,西方林业发展史,尤其是以德国为代表的欧洲林业发展史代表了世界林业最高水平的发展史,随着社会经济发展的不断变革,林业最终作为一门学科被纳入高等教育体系。林业中的可持续发展和森林永续利用理念也成为整个人类社会发展的理念。近代林业科学首先在18世纪的德国崛起,一部德国林业史很大程度上反映了人类对森林的正确认识过程和处理人类自身与森林关系的过程,我们接下来要介绍的西方近代著名林学家也多是来自德国,即使有其他国籍的著名林业学家,也是辗转来自德国。

➡➡ 汉斯·卡尔·冯·卡洛维茨

汉斯·卡尔·冯·卡洛维茨是德国林学科学先驱，著名林学家、林业精算师和矿业家，可持续林业原则的创立者。1645年，他出生于开姆尼茨的一个林业世家，曾在耶拿大学学习法律和公共管理，并专修外语，一生都从事采矿和自然科学研究。18世纪初，德国经济的快速发展使得大面积的森林被砍伐，出现资源紧缺和人类生存环境受到威胁的情况。1713年，他首次系统论述林业可持续发展问题，提出"可持续发展"概念，被尊称为"可持续林业之父"和"可持续发展之父"。他认为森林经营管理应该调节森林采伐速度，通过这种方式使生产作业和木材收获不断继续，使世世代代从森林中得到好处。他提倡国家应"努力组织营造和保持能被持续地、不断地、永续地利用的森林，是一项必不可少的事业，没有它，国家不能维持国计民生"。他还提出要"顺应自然"，提倡人工造林的思想，并指出了造林树种的立地要求。可持续发展最初是林业经济发展中的一个术语，可持续发展思想也是林业对人类启蒙最重要的贡献之一。2013年，由联合国粮农组织主办的《林业杂志》出版了"可持续林业专集"，其中《可持续林业发展的300年》一文重点介绍和肯定了他对可持续林业的突出贡献，德国邮政局也为此发行了邮资纪念封。

➡➡ 约翰·海因里希·科塔

约翰·海因里希·科塔是 18 世纪德国著名森林培育专家、林业教育家、森林经营科学理论的实践者,法正林理论的集大成者,德国林业科学教育的先驱,推动林业从单一"木材生产"向"林业科学"转变。他重视林业科学教育,1785 年在菲尔巴赫和父亲一同创办了世界上第一所林业专门学校,该学校后并入德国德累斯顿大学林学系。他重视森林经营,一生致力于解决"木材饥荒"问题,1804 年首先提出了材积表的概念,1817 年编制了一组标准林木材积表,被称为"林业祖师",为森林经理和林业经济提供了重要科学基础。他从小就热爱森林,在自述中写道:"我生在森林,第一眼看到的是环绕的树木,听到的第一首歌是鸟的欢唱,老橡树为我遮阴,野草与我共生,这决定了我的一生都是森林的儿子。"他对林业工作者提出要求:经营森林不仅要让林木长得好,还要知道如何让市场喜欢和多赚钱,这也是森林经营者必须要弄明白的事情。优秀的林业工作者可能不能阻止森林死亡,但无能的林业工作者会使森林变得一团糟,如同庸医会导致病人死亡一样。

➡➡ 乔治·路德维希·哈尔蒂希

乔治·路德维希·哈尔蒂希是德国林学科学先驱，在全世界率先提出森林永续利用理论。"森林永续利用"一词最早起源于德国的林业，1669 年法国率先颁布了《森林与水法令》，明确规定森林经营的原则是既要满足木材生产需要，又不得影响自然更新，木材的极限和永恒生产首次被列入国家法规。在此基础上，哈尔蒂希提出森林永续利用理论。这一重大理论提出后影响深远，成为当时各国传统林业发展的理论基础。森林永续利用理论指出，森林资源并非取之不尽、用之不竭的，只有在实施科学培育的基础上进行适度的开发利用，才能使森林持久地为人类的发展服务，实现并满足人类对森林的多种需要和愿望，是林业的根本任务。此外，哈尔蒂希提倡营造人工针叶纯林，所以他也被认为是世界上大规模人工造林的创始人。德国森林现在每年生长 5 800 万立方米木材，现有林每公顷平均蓄积量已达到 270 立方米，为欧洲最高，并且蓄积量还在增长。这显然与 200 多年来森林永续利用理论的创建、发展及实践密不可分。哈尔蒂希来自林业世家，重视林业教育，他曾经创办两所林业学校，其中一所林业学校后来并入了柏林大学。

➡➡ 约翰·克里斯蒂安·洪德斯哈根

约翰·克里斯蒂安·洪德斯哈根是德国 18 世纪著名的林学家,法正林理论的创立者,被称为"法正林之父"。1826 年,洪德斯哈根在总结前人经验的基础上,创立了"法正林"学说。法正即"标准",是将数学模型应用在森林经理中,模拟一个最优的森林结构,实现严格永久平衡利用状态的森林,达到永续利用的目的。这是针对同龄林经营的永续利用理论的完善,标志着在作业级水平上木材永续利用思想的成熟。采用生长量控制采伐量的原则,是法正林理论的核心,其反映的采育结合、合理经营的观点在今天看来仍不过时。该理论着眼于从森林的内部条件出发考虑木材的永续利用,虽具有一定的局限性,但为森林永续利用理论奠定了基础。我国实行的森林限额采伐制度,是通过国家宏观调控与微观指导相结合的方式来实现的,目的也是实现森林资源的消长平衡,可以说也是这一理论和学说的应用。洪德斯哈根一生为世界林业科学留下多部不朽专著,如 1819 年出版的《林业科学方法和概念》。1821 年至 1831 年间,他主编的《百科全书(森林科学卷)》,对推动 19 世纪森林科学的发展起到了重要作用。

→→ **迪特里希·布兰迪斯**

英美"林业教父"迪特里希·布兰迪斯是德裔英国著名植物学家、林学家、林业管理专家,被誉为"热带林业之父"。其所著《印度树木志》,为植物学界的典范,多种植物以他的名字命名。19 世纪中叶的英国在工业革命的推动下,迅速扩张。英国政府派出了大批林业工作者到英国殖民地,寻找森林资源,发展森林工业和经营人工林,以达到资源掠夺的目的。布兰迪斯奉命参与了缅甸、印度的造林和林业管理活动,在缅甸推广德国的法正林理论,建立了适合当地的林耕法。在印度,他将欧洲林业理论与当地农耕文化结合,建立了农林交错、相互依赖的新型农林复合经营模式,成为社会林业的开端。他协助美国建立了国有林业体系,受到美国总统西奥多·罗斯福的嘉奖。他建立的林业管理体制影响了全球 1/2 以上的国家。布兰迪斯作为一名林业传教士,走遍了亚洲、北美洲地区,从普及法正林理论,建立美国国有林管理体系,再到形成社会林业理论体系,影响了北美国有林管理体系和林业教育事业的建立过程,为世界林业发展和管理留下了丰富的遗产。

➡➡ 约翰·卡尔·盖耶尔

约翰·卡尔·盖耶尔是德国著名的林学家,近自然林业理论的创立者。他曾学习建筑和数学,早期是宾瓦尔德的一名护林员,后凭借自己的努力成为一名林业精算师,并被派往斯派尔政府林务局工作,后任巴伐利亚皇家林学院教授、慕尼黑大学校长,完成了多部林业专著。18世纪初的欧洲工业革命导致生态危机和木材危机,19世纪初,德国学者创立了法正林理论,德国开始以人工造林的方法来恢复失去的森林资源,开展了大规模的恢复森林运动,在短时期内人工营造了大量生长快、以用材为目的的针叶纯林。大面积的人工造林虽然逐步扭转了森林持续锐减的局面,使森林面积不断增加,但树种单一又导致森林稳定性差、抗灾能力弱。如19世纪80年代的风灾和大气污染曾导致德国近2/3的森林受到损害。由此,德国林学界认识到人类应该依照森林的原貌来保护和建设森林,开始重视在森林经营中起主导作用的自然规律,提出森林经营要符合自然规律。1898年,盖耶尔对残存的天然林进行研究后,提出近自然林业理论,该理论成为现代德国林业科学的基础。盖耶尔提出,森林经营应回归自然,遵从自然法则,使林分生长能够接近生态的自然状况,达到森林群落的动态平衡,并在人工辅助下维

林学的起源与林业的发展

持林分健康。1989年,德国将近自然林业确定为国家林业发展的基本原则。近自然林业就是基于森林本身的自然动力,在不破坏森林生态系统固有结构和功能的基础上,充分利用自然的综合生产力,按照森林本身的适应性,结合气候、土壤等环境因子条件进行科学合理的经营活动,使地区群落的主要乡土树种得到明显表现,并尽可能使林分经营过程同潜在的天然森林植被的生长发育相接近,实现可持续发展。我国是世界上人工林面积最大的国家,但是大面积同龄纯林,同样也出现了地力衰退、病虫害严重等一系列生态问题,因此盖耶尔的近自然林业理论对于林业的可持续发展和永续利用无疑是一个有效的途径,对于今天林业的发展和国家林业政策的制定具有很重要的借鉴意义。

→→ 海因里希·冯·萨里施

　　海因里希·冯·萨里施是德国著名的林学家和森林美学家,一生热爱林业,对建设森林风景保护区情有独钟。受18世纪法国大革命思想先驱卢梭的"返回自然"思想影响,19世纪初浪漫主义文艺思潮在德国盛行,为促进森林美学的产生提供了基础。萨里施在自己的林地上创立了独特的间伐法对林区进行美化实验,在继承前人森林美学思想和总结自己实践经验的基础上，于 1885 年完成了不朽著作《森林美学》一书，标志着森林美学作为一门独立学科的诞生，具有划时代的意义。其实早在 19 世纪，德国林业科学的先驱科塔就曾指出："森林经理一半是技术，一半是艺术。"森林美学属于林学和美学的交叉学科，意为"美的艺术和技艺在林业生产中的应用和实践"，其研究的对象就是经营的森林。森林美学的诞生是社会进步和文明的象征，也在当时的德国赋予了林业工作者最受尊敬和羡慕的职业。之后，森林美学进入大学课程，奠定了其在高等教育中的地位。森林美学传入我国后，我国学者也对其赋予了新的理解和定义："生态是一种哲学，是一种科学，是一种美学，是一种工艺学。"谁又能说现在提倡的生态文明建设不是森林美学的进一步延伸和发展呢？

林业人的任务和使命

只有服从大自然，才能战胜大自然。

——达尔文

▶▶ 林学专业的培养内容

林学是一门研究如何认识森林、培育森林、经营森林、保护森林和合理利用森林的学科，它是在其他自然学科发展的基础上，形成和发展起来的综合性的应用学科。传统的林学是以木材采运工艺和加工工艺为中心的森林工业技术学科。现代林学则以培育和经营管理森林的科学技术为主体，包含诸如森林植物学、森林生态学、林木育种学、造林学、森林保护学、木材学、森林经理学、水土保持、野生动植物保护、环境科学等多个学科专业，已经把可持续发展的经营理念渗透到森林经营中。林学专业一般包括林学、国林、森林保护、经济林、智慧林业5个本科专业或专业方向。林学专业的学习主要分为两个版块，一个是理论知识的学习，另一个是实践学习。林学专业是非常注重实践能力培养的学科，实践学习包括了各种实验与实习，如植物学实习、气象学实习、测量学实习、林学认知实习、植物生理学实验、林学综合实习等。此外，林学专业根据不同专业方向设置不同的培养方案，在理论学习和实践上又具有各自的特点，突出专业能力的培养等。如经济林专业会突出经济林栽培、育种、经济林产品加工、基地规划、产品营销、机械化管理、有害生物控制等实习，这些实习可以将理论应用到实践，让学生全方位掌握整个经济林产业链不同环节的实践活动，毕业后获得从事相关领域生产或研究的能力。

➡ ➡ 认识森林

森林是以多年生木本植物为主的生物群落或生态系统。在这个生态系统中，乔木与其他植物、动物、微生物和土壤之间相互依存，相互制约，并与环境相互影响，各种要素共同组成生态系统。联合国粮食及农业组织将森林定义为："面积在0.5公顷以上、树木高于5米、林冠覆盖率超过10%，或树木在原生境能够达到这一阈值的土

林业人的任务和使命

地。不包括主要为农业和城市用途的土地。"森林具有寿命长、构成成分复杂、影响环境作用大并有天然更新能力等特点。如一棵椴树一天能吸收 16 千克二氧化碳，150公顷杨、柳、槐等阔叶林一天可产生 100 吨氧气。森林与环境是一个对立统一的、不可分割的整体，二者相互联系、相互制约，随时间和空间的变化而变化。

　　认识森林，首先要认识森林里的植物。在林学专业中，有多门课程涉及植物认知，如植物学、植物生理学、树木学等课程，便于学生从不同角度学习、了解植物。在理论知识学习中，从植物的细胞开始，再到植物组织、器官，了解植物的结构、功能、遗传、发育，熟悉植物的物质代谢、能量转化和生长发育等的规律与机制、调节与控制以及植物体内外环境条件对其生命活动的影响。要学习不同种类的植物的特点，比如裸子植物、被子植物的特点，同时学习鉴别不同科属种的植物。在认知过程中，有不同的实践学习：如植物学实验，走进实验室，解剖花、了解花的结构，观察种子与果实，学习不同种类植物的特征及区别；植物生理学实验，学习模拟植物水分的运输，学习提取叶绿素等。通过实习，学生走出教室，走进校园乃至森林公园、植物园等，在漫步过程中认识植物，认识森林，不断巩固对不同植物的理解。学生采集不同的植物,学习标本制作过程,掌握植物特征。对森林植物的认识使得学生能辨认森林中常见的草本植物及灌木、乔木,同时了解不同科属之间的区别。

森林是一个生态系统,因此森林生态学是整个大林学学习的基础课程。其阐述了森林与周围环境的相互关系;森林中的能量环境与物质环境,土壤、营养、气象等;森林中的能量流动、物质循环。土壤因子是影响植物生长的重要因素,学生可通过学习土壤的组成、特性、肥力特征,了解土壤的形成、分类、分布以及土壤的利用改良与保护,这些在进行苗木培育、林木种植、森林营造中都具有重要作用。在实验课程中,学生可充分学习土壤的理化分析,学习土壤的采集,分析土壤中的营养元素,鉴别土壤中的不同物质的含量。在日常生活中,学生要能分辨不同类型的土壤,掌握不同土壤的特点,如通气透水性、营养状况等,目的是为林木提供最适宜生长的土壤。学习气象学,学生可以了解天气情况和变化规律以及对天气的预报。通过测量学、测树学的学习,学生可以学习如何测量树木的胸径、树高、郁闭度、材积等,对单个乔木认识更加深刻,从而学会计算森林的蓄积量、生物量等。

→→ 林木育种与繁育

种子是农业的芯片。2021 年 7 月 9 日,中央全面深化改革委员会第二十次会议审议通过了《种业振兴行动方案》,把种源安全提高到关系国家战略安全的高度。据统计,过去 100 年来农业生产效率提升的 60％来源于种子技术。一粒种子发育成小苗,一株小苗生长成参天大树,许多大树汇集成森林。因此,林木育种的任务是通过提高有利的基因的出现频率,改变林木群体结构,选育和大量繁殖优良遗传品质得到不同改良程度的林木繁殖材料。林木育种的最高目标是选育林木优良品种,无论农业还是林业均是如此。用遗传品质优良的繁殖材料造林,能充分利用自然资源的生产潜力,在提高林产品产量和品质、增强林木抗性、降低生产成本以及充分发挥森林多种效益等方面都有重要作用。在当前林业生产实践中,良种的选育和具有特定优良性状的新品种的培育对于产业的发展至关重要。

林学专业的核心课程包括遗传学、育种学、林木种苗学等。学习遗传学,可了解植物遗传与变异的规律;学习育种学,可创造遗传变异、改良遗传特性,培育人类需要的林木新品种;学习林木种苗学,可了解林木种子生产与苗木培育的相关知识。实践部分的学习,学生通过去林场或森林中寻找具有优良性状的资源,确定优树,然后将此株作为培育的亲本,通过杂交和后续的选育,就能得到优良的后代。在实验课中,通过 PCR(聚合酶链式反应)等技术,进行分子鉴定,这些可以作为遗传育种改良的基础。利用遗传育种学,可以改变植物性状,培育新的品种。不同的变异方式能够达到不同的培育目的,如高产、优质、高抗等性状,最后培育出目标品种。获得新品种后,林木种苗学又能教会学生如何让一粒种子变成一棵苗木。从种子的采集、储存、催芽到苗木的管理,是见证小小的种子破壳而出然后生长成一棵棵小苗的过程。此外,对于不同树种,会采取不同方式进行苗木培育,如播种育苗、容器育苗、扦插育苗等。之后在苗木生长过程中,如何注重苗木的管理,如灌溉、施肥、除草等,这些工作的展开也要因树种的不同而变化。

➡️➡️ 森林营造

　　森林营造就是培育森林,并对其进行科学的抚育管理,以获得量多、质优的森林资源以及最佳的森林生态服务功能,实现森林的可持续经营。选择良种并进行充分的抚育管理是获得森林最佳功能的保障。森林的生长发

林业人的任务和使命

育是森林提供一切功能效益的生物学基础。由于林木培育周期较长，在培育过程中，要不断地协调林木生长与立地环境的关系，实现森林培育的目标。因此，森林营造要遵从森林生长特点，充分考虑其与立地环境的关系，建立不同立地条件下的森林培育的技术体系。森林培育的实质就是通过各种手段和措施，包括林木遗传改良、林分结构调控以及立地环境控制措施来刺激和调节森林的生长发育，以达到定向的培育目标。

森林的营造随时间和空间不断变化。学习森林培育学，学生可以了解从林木种子、苗木、造林到林木成林、成熟的过程，学习怎么营造森林，营造成什么样的森林；在实践中掌握苗木培育、人工林营造、中幼林抚育、经济林栽培等的理论与技术，了解我国及世界范围内不同地方、不同类型的森林以及主要立地因子；了解目前我国森林存在的问题，如人工林与天然林的问题，森林结构以及森林质量的问题，认识到林业人任务的艰巨性。在实践环节，学生通过走进不同的林场，了解学习不同的林分类型所采取的措施，以及带来的结果，充分理解适地适树的原则；也可以去规划一片山头，自己设计种什么树、怎么种、怎么管理，在实践过程中，加深对森林培育学的理解，了解从苗木到森林的营造过程。在经济林栽培学的学习中,学生可了解如何进行经济林基地的规划、不同类型经济林树种的管理,以经济价值最大化为目标,通过培育措施以及有效的管理方法使经济林实现价值最大化。通过在不同类型的果园进行实践,学生学习果园的管理、不同经济树种的修剪等,掌握各种实践技能。

➡➡ 森林健康经营与保护

　　森林的健康影响着森林生态系统的稳定性。森林微生物、昆虫是森林生态系统中的重要组成成分,在保持森林生态系统平衡方面起着不可取代的作用。然而,随着人类活动的干扰以及人工林的大面积发展,森林病虫害的出现愈来愈频繁。据估计,我国森林病虫害年均直接经济损失达 14 515 亿元。除了病虫害,每年爆发的森林火灾不仅烧毁林木,还危害了整个森林生态系统。全国年均发生森林火灾 145 万次,年均受害森林面积 83.4 万公顷。因此,预防病害、虫害和森林火灾是森林健康经营与保护的重要任务。

　　在这个学习环节,学生通过学习森林保护学课程,了解森林中常发生的虫害、病害,以达到保持森林健康的目标;通过学习林火生态管理,了解森林火灾的特点,以达到保护森林免受其害的目标。做好森林健康经营与保护，能让森林尽可能多地发挥各种效益。在实践环节，学生可以进入森林捕捉各种昆虫，对它们进行鉴定与识别，同时掌握昆虫标本的制作方法；了解不同昆虫对森林的危害，掌握防治措施。林木病害也同样存在于森林中，需要对病害标本进行采集，对病原体进行鉴别，提出正确的防治措施，以保证森林的健康。在林火实验中，探究不同可燃物的燃点，了解不同树种的燃烧特性，对森林进行可燃物管理，目的是减少林火的发生。林下有着丰富的空间环境与物质环境，通过在森林中采集食用菌，可了解林下经济的发展；充分发展林下经济，可以增加森林效益，实现森林的可持续发展。

➡➡ 森林资源管理与利用

森林资源包括了林地与林地上的所有生物，是地球上最重要的资源之一，是祖国的"金山银山"。森林资源经营管理是对森林资源进行区划、调查、分析、评价、决策、信息管理等一系列工作，其目的是实现森林的可持续经营。森林资源的利用影响着森林资源的价值，在这个环节学生综合学习各种课程，学会对不同资源的利用，包括苗木培育、林木砍伐、林下资源的利用等，以实现资源利用最大化，实现森林永续利用。

本培养环节中,森林经理学是重要课程,学生要学习如何对森林资源进行经营管理。在林学专业的学习过程中,实践环节的学习往往会带给学生更多的收获和美好的回忆,学生在实践中不仅掌握了知识,而且见识了更多的森林景色,在更多的地方留下了林学人的足迹。学生可以在不同季节到不同的森林公园、不同的林场参观,通过无数次踏入森林,体会日出而作、日落而息又不同于普通田园生活的日子。比如,一位林学人回忆道:"我们认识着森林里的植物,追赶着老师,陪伴着同学,从草本到乔木,从早上到傍晚,大家争抢着采集最好的植物标本,再用报纸压制成喜欢的模样。我们在森林里调查着各种植物的名称、数量与特点,与林木为伴,站在不同的坡度上测量着每一棵树木,记录着它们因为时间沉淀而带来的生长。我们在森林里吃着简陋的午餐,但却享受着外业带给我们的极致的甚至有点小危险的刺激和体验。春天,我们欣赏漫山遍野的繁花;夏天,我们感受茂密森林带来的凉爽;秋天,我们置身在无尽的秋色,采撷着丰收的果实;而冬天,我们在等待又一年春天的嫩绿。我们翻山越岭,我们采花识草,我们捕捉纷飞的昆虫,我们探寻深处的菌类,森林带给我的乐趣,是回味无穷且无可替代的。山里的朝阳迎进森林,森林的余晖送进山里,每一个感受森林的日子，都是美好而值得怀念的。"这就是林学各种实践和实习带给大家的体验——辛苦并快乐着。

▶▶ 既是林业人也是科学家

➡➡ 科研能力及创新能力培养

林学学科担负着引领我国林业人才培养、科学研究、维持产业健康和林业可持续发展的重要使命。毕业生可在林业、农业、环保、国土绿化等行业从事相关产业规划、种业现代化管理、资源培育与产品加工利用、森林防护及管理、林下经济及市场营销等方面的生产、经营、管理和教学科研等工作。本科期间的教育教学一方面培养能适应产业需求和解决实际问题的大国工匠，另一方面培养具有科研和创新能力的研究型人才。"双一流"高校和专业建设的总体目标是推进一批具有高水平的学校及学科进入世界教育领域的一流行列或者前列，其中，"双一流"建设的重要使命是培养具有创新能力的高素质人才。

创新型人才的培养既是时代发展的必然要求，也是国家实施人才战略的现实需要。中国经济已经由高速增长阶段转向高质量发展阶段。党的十九大报告中提出的"建立健全绿色低碳循环发展的经济体系"为新时代下高质量发展指明了方向。科技创新是第一生产力。党的十八大提出实施创新驱动发展战略,强调科技创新是提高社会生产力和综合国力的战略支撑。因此,为适应我国现阶段对高质量人才的需求,培养德智体美劳综合发展的高质量创新型人才至关重要。林业专业学生在学习期间,一方面,在进行相关课程理论学习练好基本功的同时,还要加强实践技能学习,成为理论基础扎实和专业技术过硬的复合型人才;另一方面,要积极参与科学研究与大学生创新创业行动计划,具备并掌握科研技能,掌握科学研究方法,培养训练创造性思维,学习科学精神,向优秀科学家学习,成为能吃苦、有担当、勇于创新的高素质人才。

➡➡ 如何当好森林卫士

目前,我国原始森林的数量很少,森林资源的主体是人工林,通常用于生产商品,森林资源质量差,生态服务水平较低,森林资源开发与恢复的任务十分艰巨。森林资源多样性差,野生动植物保护任务艰巨。森林资源的减少、生境的碎片化以及气候变化使生物多样性下降,进一步压缩了野生动物的生存空间。

植树造林,科学开展国土绿化,义务参加植树活动,每个人都应成为生态文明建设的实践者和推动者。病虫

林业人的任务和使命

害是森林健康生长的大敌,学生应积极利用所学开展森林病虫害识别鉴定、调查分析、监测预报和综合防治等活动。森林防火同样对森林健康至关重要。森林防火期,有一群"森林卫士"——森林消防员、瞭望员、防火检查员,需要 24 小时待命,默默守护森林的平安。无论是森林的培育者,还是森林医生、森林卫士,他们都在共同保卫着森林资源,保护着森林健康。

➡➡ 林业人在生态文明建设中的作用

党的十八大以来,以习近平同志为核心的党中央高度重视社会主义生态文明建设,坚持绿色发展,把生态文明建设融入经济、政治、文化、社会建设的各方面和全过程。把节约资源和保护环境作为基本国策,体现了党中央对环境治理及生态文明建设的信心和决心。

林业发展是实施生态文明建设的基石。现代林业是实现可持续发展的重要途径。生态文明建设最核心的理念就是"绿水青山就是金山银山",所以要想更好地推进现代林业发展,就必须要秉持可持续发展理念。经济发展不能以牺牲环境为代价,而保护环境也并不意味着不要发展,而是实现经济社会发展与人口、资源、环境相协调,实现绿色低碳发展。因此,林业人要深刻理解生态文明建设和可持续发展的内涵,立足生态文明建设相关要求,找出现代林业发展的切入点和平衡点,处理好人与自然、社会发展与生态环境建设之间的问题。同时,要紧跟国家发展需求,以现代林业为抓手,在森林营造、森林恢复、森林资源精准监测、森林资源合理利用与开发、林下经济发展、环境治理等方面,依托科技创新,完善林业生态文明建设机制,制定林业开发规划,推动林业发展与经济、文化、环境等领域联系起来,打造全新的林业发展链条,推动现代林业健康发展,充分发挥其在生态文明建设中的作用。

➡➡ 林业人在乡村振兴中的作用

十九大报告指出,农业农村农民问题是关系国计民生的根本性问题,必须始终把解决好"三农"问题作为全党工作的重中之重,实施乡村振兴战略。而实施乡村振兴战略,必须以优先发展农村为总方针,以促进农业生产现代化发展为目标起点,围绕构建生态宜居、生活富足、治理有效、乡风文明的新农村的现实需求,对乡村生态保护、产业发展做出规划。

首先,要实现经济林提质增效,产业链条升级。全国经济林面积超过 6 亿亩,产值 2.2 万亿元,占林业总产值的60%以上,经济林产业已经成为我国林业产业的第一大产业,在山区精准扶贫中发挥了重要作用。但经济林在快速发展过程中,存在诸多问题,如区域布局缺乏规划,良种化程度低、品种结构不够合理;种植标准化机械化程度低,劳动力成本高;采后处理环节薄弱,产品附加值低;产业服务体系不健全,产销脱节,专业人才严重缺乏等,使得经济林产业提升空间巨大。

其次,发展林下经济是增加森林效益的重要环节。培育新体系,大力发展"立体林业",创新林下经济发展模式,促进林下产业升级,探索发展"林-草-药""林-果-菜""林-花-蜂"等多种立体复合种植模式。探索发展种养结合的循环经济模式,如"林-草-兔""林-禽-鱼""林-禽-菌"等林下空间养殖,充分体现生态优先、绿色发展的理念,最大限度挖掘林地的潜力,拓展农民的增收空间。

最后,依托科技创新,实现产业机械化,发展智慧林业。实现传统林业的转型,打造基于"物联网+"的智慧林业。积极推进产业融合和创新,整合林业资源,对于林业发展的经济价值和社会价值进行挖掘。依托产业种植基地,大力发展三产,如结合森林旅游、田园综合体、家庭林场等多种经营模式,提升林业发展质量,打造产业品牌。

构筑未来绿色梦想

> 无山不绿，有水皆清，四时花香，万壑鸟鸣，
> 替河山装成锦绣，把国土绘成丹青。
>
> ——梁希

　　林学是一门实践性很强的学科，学习林学需要力求理论联系实际，重点是加强实践性教学环节。林学又是一门与浩繁的生物界及多变的环境密切相关的学科，要掌握这门学科必须深刻理解其基本原理，具备必要的基本知识，并善于灵活地运用这些基本原理和基本知识，结合具体地区的条件和特点，进行全面、周密的分析和综合，得出适当的结论，以解决林业生产上的问题。

▶▶ 中国知名林业院校

➡➡ 北京林业大学

北京林业大学是教育部直属、教育部与国家林业和草原局共建的全国重点大学，被列为国家首批"211工程"重点建设高校和国家"优势学科创新平台"建设项目试点高校，是国家"双一流"建设高校。

北京林业大学林学院立足我国林业、生态环境建设和绿色发展，是我国林学领域聚集和培养拔尖创新人才的核心基地、国家林业科技创新中心、国际合作与学术交流的重要窗口。

北京林业大学的林学一级学科在教育部历次一级学科评估中，均排名全国第一，2017年进入国家"双一流"建设学科名单。现有林学1个一级国家重点学科（森林培育学、森林经理、森林保护3个国家二级重点学科），土壤学1个北京市重点学科，地图学与地理信息系统1个国家林业局重点（培育）学科。在林学下自设城市林业、森林学两个二级学科。

"十三五"期间，学院先后承担国家重点研发项目2项，"973计划"课题2项、国家和省部级自然科学基金项目 50 项,其他省部级以上重点课题 18 项,到账经费超过 1.5 亿元,获国家级科技进步奖、省部级科技进步奖在内的科研奖励数十项。

➡➡ 南京林业大学

南京林业大学是中央与地方共建的省属重点高校,国家首批"双一流"建设高校。

南京林业大学林学院现有林学、森林保护、地理信息科学、生物技术、园艺、水土保持与荒漠化防治 6 个本科专业,其中林学专业为江苏省品牌专业。学院也是建设江苏"南方现代林业协同创新中心"的主力学院,林学一级学科是"江苏省优势学科"建设点。近年来,林学学科获得学科建设经费过亿元。为加强本科教育,林学本科专业还开设了"水杉班",并入选教育部首批"拔尖创新型农林人才培养模式改革试点项目"。

学院教师主持完成的成果获国家科技进步奖一等奖 2 项,二等奖 10 项,其他省部级奖项 103 项。出版教材专著和译著 100 多部,自编课程讲义 21 部。学院积极开展对外学术交流,与美、日、加、英、法、德、俄和瑞典等十几个国家的高校或研究机构建立了人才培养和科技合作关系。

➡➡ 西北农林科技大学

西北农林科技大学历史悠久，是教育部直属高校，国家"985 工程"和"211 工程"重点建设高校，入选国家首批"世界一流大学和一流学科"建设高校。

西北农林科技大学林学院（林业科学研究院）历经 80 余年的建设，现已成为以林学、森林保护和林产化工学科为主体，相关学科协调发展的教学型研究院。西北农林科技大学林学专业为国家级特色专业、教育部第一批"卓越农林人才教育培养计划改革试点"专业；林学、森林保护、木材科学与工程 3 个专业为"双万计划"国家级一流本科专业建设点，林产化工专业为省级一流本科专业建设点。森林培育、森林保护被评为省部级重点学科。学院先后与奥地利、德国、西班牙、芬兰、美国、加拿大和日本等国的农林高校、科研院所建立了合作培养学生与合作研究的关系。

"十三五"以来，林学院先后承担国家"973 计划"课题、国家重点研发课题、科技支撑类课题、国家自然科学基金项目和省部级重点科研项目 150 余项。累计获奖成果 9 项，发表论文 840 篇，出版著作 26 部，授权专利 65

项,通过省级及以上良种审定 29 个(含国家良种审定 6 个),颁布各类标准 7 项。

➡➡ 东北林业大学

东北林业大学是一所以林科为优势、林业工程为特色的多学科协调发展的高等学校,入选国家首批"双一流"建设高校。

东北林业大学林学院现有林学、森林保护、环境科学、食品科学与工程和地理信息科学 5 个本科专业和国家教育体制改革试点项目"成栋实验班"1 个,其中林学和森林保护专业为国家级特色专业,也被列入国家级卓越农林人才教育培养计划项目。

"十二五"期间,学院获得教育部"创新团队发展计划"项目 1 项,国家外国专家局高校学科创新引智基地项目 1 项,学院教师主编、参编教材和专著 77 部,发表学术论文 2 660 多篇,其中 SCI 收录 520 余篇,EI 收录 160 余篇。

➡➡ 福建农林大学

福建农林大学是一所以农林学科为优势和特色,理、工、经、管、文、法、艺等多学科协调发展的省属重点大学,

构筑未来绿色梦想

是农业农村部、国家林业和草原局与福建省政府共建高校，福建省一流大学建设高校。

福建农林大学林学院建有林学和地理学 2 个一级学科。林学学科是福建省重点建设的高峰学科，2011 年入选福建省"国家重点学科培育建设学科"，2012 年入选福建省特色重点学科，2015 年入选国家林业局一级重点学科，2017 年在全国第四轮学科评估中获评 B$^+$ 等级。

近年来，学院主持国家科技支撑计划、国家重点研发计划专项、国家自然科学基金重点项目、国家林业公益性行业重大科研专项等 300 多项科研项目；发表 SCI 和 EI 收录论文 600 余篇。

▶▶ 世界知名农林院校

➡➡ 不列颠哥伦比亚大学

不列颠哥伦比亚大学，位于加拿大温哥华市，始建于 1908 年，前身为麦吉尔大学不列颠哥伦比亚分校，于 1915 年获批独立。

林学院是不列颠哥伦比亚大学的主要学院之一，也是全球最好的林学院之一，其林业政策、森林资源管理、森林采运、林木遗传育种、生物质能源、木材加工、森林病虫害防治等研究居世界领先位置,研究领域横跨种苗、森林培育、经营管理、自然资源保护、木材生产、木材加工处理等。各专业均具有师资力量强、实验条件好、学生实习基地众多等优势。不列颠哥伦比亚大学所在的地区是加拿大的林业大省,林学院不仅是加拿大应用生态学研究中心等研究机构的承担单位,而且与世界各国政府、林业机构、企业和研究组织建立了良好的关系。除此之外,林学院还拥有加拿大最好的木材加工中心,3 个实验林场,为学生提供了很好的实习基地。

➡➡ 哥廷根大学

哥廷根大学坐落于德国西北部的下萨克森州南部哥廷根市,是第二次世界大战前的世界学术中心。

哥廷根大学的林学系创建于 1868 年,其教育的特点是:注意基础理论教育与生产实践教育的结合,注意教学、科研和生产的结合,使理论密切联系实际,培养学生宽广的知识面和独立工作的能力,使其毕业后能较快地适应工作的要求。

➡➡ 瓦格宁根大学

瓦格宁根大学始建于 1876 年(时为荷兰国家农业大

学），全称瓦格宁根大学与研究中心，是一所世界顶尖的研究型高等学府，也是欧洲乃至全世界农业方向与生命科学方向顶尖的研究型大学之一，其生态学、农业科学、生命科学、食品科学、环境科学等专业在全球享有极高的声誉。瓦格宁根大学包括三个部分：瓦格宁根大学、研究中心和劳伦斯坦学院。研究中心已发展为一个国际性的科研机构，下设植物科学、动物科学、环境科学、农业科技、生物工程、食品科技和社会科学等专业，致力于推广科研成果，以向全世界提供充足和优质的粮食作物。

➡➡ 瑞典农业科学大学

瑞典农业科学大学成立于 1977 年，它由 3 个独立的学院组成：动物医学院、林业学院以及农业学院。

林业学院学科设置为：森林生态学、森林数学统计、森林昆虫学、林业生产、木材保护、林业质量和发展、树木基因、树木生理学、林业管理、森林土壤、林业市场等。

▶▶ 中国林学主要奖项

➡➡ 梁希林业科学技术奖

为纪念我国著名的林学家、林业教育家和社会活动家梁希先生,继承其未竟事业,调动广大林业科技工作者的积极性,鼓励科技创新,促进人才培养,在江泽慧教授的倡导下,中国林学会于 2004 年设立了梁希科学技术奖。梁希科学技术奖包括梁希林业科学技术奖、梁希青年论文奖、梁希优秀学子奖和梁希科普奖 4 个奖项。

梁希林业科学技术奖(以下简称梁希奖)是经国家科学技术部批准、面向全国的林业科学技术奖,主要奖励在林业科学技术进步中做出突出贡献的集体和个人,其目的是鼓励林业科技创新,充分调动广大林业科技工作者的积极性、创造性,促进林业科技事业的发展,加快实现林业跨越式发展。国家林业和草原局科技主管部门对梁希奖的实施进行指导。梁希奖的组织领导机构是梁希科技教育基金委员会,其职责是:对奖励工作进行宏观管理和指导,包括制定奖励政策,筹措奖励资金,组建评审委员会,批准评审结果并授奖。梁希奖每年评审一次,分设一、二、三等奖,对获奖项目分别颁发奖励证书和奖金。

→ → 沈国舫森林培育奖励基金

沈国舫是我国著名的林学家、林业教育家、中国工程院院士、中国现代森林培育学的主要创建者和学科带头人,在我国森林培育、生态建设等领域开展了大量开创性

构筑未来绿色梦想

工作,对我国生态环境可持续发展发挥了重要作用。为
提高我国森林培育学科高层次人才培养质量,激励全国
该学科青年教师及研究生向沈国舫先生学习,树立"求
实、创新、刻苦、奉献"的科学精神,提高该学科对我国林
业、生态建设、生态文明的服务水平,根据《沈国舫森林培
育基金项目管理办法》特设立沈国舫森林培育奖励基金。
该基金是我国设立的第一项专门面向森林培育界的奖励
基金,由北京林业大学、南京林业大学、浙江农林大学、四
川农业大学、中国林科院等 20 余所高校、研究院所及企
业和个人发起,其宗旨是推动我国森林培育学科的整体
发展,加快我国森林培育学科优秀人才培养步伐,目前主
要奖励全国森林培育学科的优秀研究生,此后,奖励对象
将延伸到优秀的青年教师和森林培育从业人员,努力使
其成为全国森林培育学科的最高奖项。

➡➡ 中国林学会劲松奖

颁发劲松奖是中国林学会 1983 年 9 月做出的决定,
并制定了奖励办法,做出了授奖条件、授奖范围、授奖方
式等方面的具体规定。该奖 1984 年首次颁发,以后每三
年颁发一次。颁发劲松奖是林业战线上的一件大事,具
有深远的意义。我国自然资源、生态环境破坏严重,是个

108

少林国家。从保障农、牧业生产，整治国土，保护人的生活环境等方面来看，迫切需要发展林业。而林业的发展，除依靠中央及各级党政部门加强领导，做出决策，采取重大措施外，还需要大量林业科技工作者坚持在山区、边远地区、人烟稀少环境艰苦的造林区奋斗几十年甚至一两代人，方能奏效。

设奖宗旨是激励当代林业科技工作者以迎风傲雪的劲松精神，献身林业建设事业。劲松奖属精神鼓励范畴，由中国林学会与省级学会联合举办。入会年龄满一年半的中国林学会会员在西藏、青海高寒地区从事林业工作满8年，从事林业野外调查工作满10年，在县城以下林业单位从事林业工作满15年，或在县城以上林业单位从事林业工作满25年，满足上述条件之一者，均可获奖。

➡➡ 中国林业青年科技奖

为深入贯彻落实科学发展观，大力实施人才强林战略，表彰奖励为现代林业建设做出突出贡献的青年科技工作者，促进我国林业青年科技人才脱颖而出，原林业部于1995年设立中国林业青年科技奖，它的前身是中国林学会青年科技奖。该奖项的设立，旨在调动广大林业青

构筑未来绿色梦想

年科技工作者的积极性、创造性，促进青年林业科技人才的快速成长，成就一批真正能站在世界科学技术前沿的学术带头人和创新人才，为促进我国林业科技事业的发展做贡献，为促进全民族的科技水平与创新能力的提高做贡献。

➡➡ 中国林业产业突出贡献奖、创新奖

中国林业产业突出贡献奖、创新奖是经国务院批准的林业产业业界唯一奖项，是中国林业产业的最高奖，每两年评选一次。广大林业和草原工作者在推进林业产业发展中自觉践行"绿水青山就是金山银山"理念，奋力开拓创新，为推进绿色发展、农民脱贫致富、乡村振兴做出了重要贡献，涌现出一大批先进单位和先进个人。为表彰先进，根据《林业产业突出贡献奖管理办法》《林业产业创新奖管理办法》评选，该奖项表彰近年来林业产业战线涌现出来的典型代表。他们执着致力于林业产业发展，为农民脱贫致富和社会就业做出了重要贡献；他们锐意改革、积极创新，为推进创新发展和绿色发展发挥了带头作用；他们爱岗敬业、求真务实，为建设生态文明和美丽中国做出了突出成绩。

▶▶ 林业实践教学——旅行家和探险家的乐园

林业是一门应用性极强的学科,因此,林业实践教学可谓是林学人才培养过程中最为重要的环节,可以说是林业生产对提高人才全面素质的基本要求。林业实践教学可以使学生全面接触林业生产实际,初步获得本专业的生产技术和管理知识。林业实践研学可培养学生发现问题和独立解决问题的能力。

那么,到底有哪些实践教学呢?其实林学专业的实践教学环节绝对算得上是缤纷多彩的,比如土壤学、气象学、植物学、种苗学、树木学等专业基础课程均会开展实践教学,森林培育学、森林经理学、测树学等专业在大三以后开设的专业核心课同样配备了实践教学环节,更有林学专业学生最向往的神秘的"林学综合实习"在大四前的暑假等着大家,可以说林业实践教学会贯穿林学专业学生的整个大学生涯。

在这些实践过程中,林学专业学生将纷纷化身"旅行家"和"探险家",从土壤到光照、从微生物到昆虫、从幼苗到大树、从个体到系统,逐一揭秘大森林的点点滴滴。这些实践教学环节都在干些什么、学些什么呢?下面列举

构筑未来绿色梦想

111

出了一些实践教学的图片，带大家共同感受林业人边"旅行"边"探险"的乐趣。（图4—图10）

图4　是谁又在欺负植物——林木有害昆虫识别

图5　小树是怎么长成大树的呀——树干解析

图 6　让我看看这个树种长得快不快——数年轮

图 7　小树们又长胖了没——测胸径

图 8　森林里都有什么——群落结构调查

图 9　徒步旅行——森林中的林业人

图 10　野外探险——参加实践教学的路上

▶▶ 林业人毕业去向何方

经过林业知识的系统学习，林业人也逐渐从"小苗"成长为"大树"，成了具备森林培育、森林经理、林木遗传育种、野生植物资源开发利用等方面的理论知识和技术，能从事林木良种选育、森林培育（包括经济林栽培）、森林资源经营管理、森林资源保护及开发利用、自然保护区与森林公园经营管理、城市绿地规划与设计、生态环境建设等方面工作的高级复合型专业技术人才。

林学专业本科毕业生大多继续在该领域内进行深造，或在林业、环保、园林、规划设计、国土绿化、科研、教育等企事业单位和行政部门，从事森林培育、森林调查规

构筑未来绿色梦想

划设计、森林资源经营管理、森林保护、植物资源开发与利用、经济林培育与加工利用、生态环境综合治理、城市园林绿化、公园经营管理等方面的生产、行政管理和教学科研工作。

总而言之，林学专业本科学生毕业后的去向大体可分为继续深造攻读研究生学位和直接就业两大类。那么这些工作岗位到底干些什么呢？林学专业毕业生能够做到学以致用吗？他们毕业后的工作跟林学的专业知识又有着怎样的联系呢？我们可以通过实例，来进一步了解林业人的工作内容及发展前景。

➡➡ 科研高校或科研院所攻读研究生学位

林学是一门集应用与研究于一体的实践性很强的学科，因此，林学专业本科生毕业后选择继续读研深造的人数向来所占比例较大。林学专业本科毕业生在攻读研究生学位时通常会选择林学一级学科下属专业或生态学一级学科，如森林培育、森林经理、森林保护、森林生态、林业装备信息化等专业，都是高频率选项。除了本章前面部分列举的几所林业类高校外，中国科学院植物所、清华大学、北京大学、北京师范大学、中国科学院生态研究中心、中国科学院地理科学与资源研究所等多所国内高校及科研院所,均设有适合林学学子深造的研究生学位点。目前,林学专业本科毕业生选择继续读研的比例较大,在部分高校中能够高达70%左右。

➡➡ 出国留学深造

出国留学继续攻读硕士研究生,也是林学专业本科毕业生的重点去向之一。受到篇幅限制,本章前面部分仅列举几所国际林业领域知名高校,事实上国际林业知名院校有几十所之多。从世界林业发展现状来看,发达国家已经进入森林生态、社会和经济效益全面协调可持续发展的现代林业阶段,亚洲和南美洲国家则处于逐渐向森林生态、社会和经济效益全面协调可持续发展的现代林业阶段过渡。部分林学专业本科毕业生选择前往发达国家的林业名校进行学习深造,在开阔视野的同时增长知识、提升专业技能水平,能够提高其未来就业择业的市场竞争力。部分高校本科生毕业去向数据显示,约1/6的林学专业本科毕业生有留学意向。

➡➡ 科研高校或科研院所就业

一般来说,具备硕士及以上学位者才会有机会在高校或科研院所就业。通常,拥有硕士学位者可在高校及科研院所从事管理类工作,拥有博士学位者才能够担任高校教师,从事教学科研工作。前者需要林学专业毕业学生对所学知识进行综合运用,后者则更集中在各自的科研领域,如攻读博士学位期间重点研究了用材林树种的抗性,工作后往往会继续该领域的研究并重点讲授相关领域的课程等。与其他就业途径相比,这一部分就业岗位数量相对少一些,要求也相对高一些。

➡➡ 公务员或事业单位技术岗位

国家林业和草原局及各省区市不同级别林业局等事业单位,担负着各自所辖区域内的林业生态规划建设、林业产业指导与管理、野生动植物保护、森林病虫害防治和森林资源保护等重任。同时,林业局需要负责林业及其生态建设的监督管理,拟订林业及其生态建设的方针政策、发展战略、中长期规划和起草相关法律法规并监督实施。这些技术工作均需要大量林学专业复合型技术人才的支撑,大量林学专业毕业生会在择业时选择参加国家及地方公务员或事业编制的考核考试。

➡➡ 林业相关企业技术岗位

大部分林业企业以经营森林资源为主,以林产品生产、经营、加工、服务等为主业。随着林业企业的不断发展,我国已经逐渐涌现出越来越多的"国家林业重点龙头企业",这些企业单位往往在规模、创新能力、可持续经营能力、林产品质量、产品科技含量、新产品开发能力等方面处于领先地位。林学专业毕业生在这些企业中,可利用自己在森林培育、森林经营管理、森林保护等方面的专业知识,从事造林规划设计、森林可持续经营方案、经济林产品开发与利用等方面的技术工作。

➡ ➡ 自主创业

近些年来,越来越多有绿色梦想的年轻人"不走寻常路",毕业后选择自主创业。常见的创业主要围绕林业设计、苗圃设计、造林工程、特色经济林产品培育与加工等方向。工作内容主要包括风景园林工程设计、建设工程项目管理、工程测量服务、专业承包、技术推广服务、苗木种植、城市绿化和工程勘察、依托乡村振兴的回乡创业等。也有部分林业人在创业时选择自营圃地,进行名贵或特有树种的规模化培育,以苗木供应作为主要经营手段。其实,自主创业能够更好地定向发挥专业知识,同时给林业行业带来更多的新鲜血液和创新性实践。

林学的未来

非但不能强制自然，还要服从自然。

——埃斯库曼斯

▶▶ 绿水青山就是金山银山

2013 年 9 月 7 日，国家主席习近平在哈萨克斯坦纳扎尔巴耶夫大学发表题为《弘扬人民友谊共创美好未来》的重要演讲时表示："中国明确把生态环境保护摆在更加突出的位置。我们既要绿水青山，也要金山银山。宁要绿水青山，不要金山银山，而且绿水青山就是金山银山。我们绝不能以牺牲生态环境为代价换取经济的一时发展。"这就是著名的"两山论"。联合国环境规划署也专门发布报告，充分认可中国生态文明建设的举措和成果。

在此发展理念和措施推动下,2015年中国碳排放强度比前一年下降 6.6%,远超出当初计划下降 3.9% 的目标,这也说明绿色发展、生态优先理念的正确性。

"绿水青山就是金山银山"是执政理念和方式的深刻变革,生态衰则文明衰,生态环境保护是功在当代,利在千秋的事业。2015年,国家为推动绿色、循环、低碳发展,开始实施"史上最严"的新环保法,树立不可逾越的生态红线,着力改善突出的大气、江河污染等环境问题,为生态文明建设提供可靠保障。

恩格斯在《自然辩证法》一书中写到,美索不达米亚、希腊、小亚细亚以及其他各地的居民,为了得到耕地,毁灭了森林,但是他们做梦也想不到,这些地方今天竟因此而成为不毛之地。历史上黄河的无数次泛滥和多次改道无不与森林的破坏和水土的流失有关,曾经盛极一时的丝绸之路和辉煌一时的楼兰古城的衰落也与当时的生态环境遭到极大破坏有关。习近平指出,生态兴则文明兴,生态衰则文明衰。因此,我国全面推进生态文明建设是历史发展之必然,也是青山常在、绿水长流的根本。林学在生态文明建设中发挥着重要的作用。

▶▶ 森林与水库、钱库、粮库和碳库

习近平同志在《摆脱贫困》一书中首次提出"森林是水库、钱库、粮库"的"三库"绿色生态理念,这一理念蕴含着人与自然、经济与生态自然和谐发展的深刻哲理,而这一切无不与森林有重要关系。"水库"是指森林具有涵养水源和水土保持的作用。"青山常在,碧水长流",树总是同水联系在一起的。雨水,一部分被树冠截留,或被地上的枯枝败叶、疏松多孔的林地土壤里蓄存起来,或被林中植物根系吸收,形成水库;钱库是指森林具有经济价值,同时也具有长久的生态价值和社会价值,尤其经济林在精准脱贫和乡村振兴中发挥了重要作用;粮库是指森林能为人类提供食物、药材和生活必需品,也是目前大食物观的起源。水库、钱库和粮库,是人类对森林生态服务功能的生动形容。党的十八大以来,我国坚持"绿水青山就是金山银山"的理念,全面加强生态文明建设,推进国土绿化,实施精准脱贫和全面奔小康,美丽中国正在不断变为现实,乡村振兴持续推进。

森林也是陆地生态系统中最大的碳库。森林和草原对国家生态安全具有基础性、战略性作用,林草兴则生态兴。在 2022 年植树节之际,习近平指出,森林是水库、钱

库、粮库,现在应该再加上一个碳库。何为碳库?以森林为例,植物通过光合作用存储二氧化碳的过程就是固碳,而植物死亡分解、火灾、人为毁林等会造成碳排放。当森林固定的碳超过它排放的碳,就形成碳汇;反之,就可能形成碳源。因此,森林是碳汇还是碳源,会随时间、空间发生变化,人类活动对碳排放也会造成重要影响。我国20世纪80年代之前由于森林覆盖率低,碳排放较多,属于碳源,近年来随着森林覆盖率的提高,大规模植树造林、森林恢复和保护的加强,碳汇大幅度增加,碳源已转为碳汇。

▶▶ "碳中和"与"碳达峰"

近代世界工业革命以来,人类活动和经济发展大量使用化石燃料,排放的气体逐年增加,导致温室效应增强。近年来频繁的自然灾害和极端天气增加,使得全球应对气候变化的任务愈加紧迫。为应对气候变化,2015年12月12日,197个国家在巴黎召开的缔约方会议第二十一届会议上通过了《巴黎协定》。该协定旨在大幅减少全球温室气体排放,将21世纪全球气温升幅限制在2℃以内,同时寻求将气温升幅进一步限制在1.5℃以内的措施。自此,在全世界范围内以法律文本形式奠定了2020

年后全球气候治理格局，"碳中和"与"碳达峰"成为世界主要国家共识。

那么，何为"碳中和"与"碳达峰"呢？"碳中和"是通过一定手段抵消全部温室气体排放量，达到相对零排放。2020年9月22日，国家主席习近平在第七十五届联合国大会一般性辩论上宣布，中国力争2030年前二氧化碳排放达到峰值，努力争取2060年前实现碳中和目标。"碳达峰"是指以二氧化碳为代表的温室气体排放量达到历史最高值后由增转降的拐点。目前，全国碳市场正式开市。"碳中和"与"碳达峰"是我国实现可持续发展的内在要求，也是推动构建人类命运共同体的必然选择。

降低碳排放，是对我们生存环境的保护。不过也意味着发展经济与碳排放脱钩后，产业结构必须优化升级，通过绿色技术创新，提升经济发展质量和效益。实现绿色发展和绿色技术创新，解决能源问题就是当务之急。如大力发展可再生能源，打造清洁低碳安全高效的能源体系，减少化石能源的使用，推行绿色建筑，在沙漠、戈壁、荒漠地区加快规划建设大型风电光伏基地项目，再如发展人工智能、信息技术和数字技术等，努力兼顾经济发展和绿色转型同步进行。此外，实现氢能生产的绿色化，减少由天然气和煤炭制氢的比重也是未来发展出路。林业方面,继续加大植树造林和森林恢复力度,继续增加碳汇。每个人多种一棵树,采取绿色、环保、低碳的生活方式,每个人就都能在"双碳"目标中发挥积极作用。

▶▶ 人类还能走多远?

尤瓦尔·赫拉利在《人类简史》一书中把人类发展历史上三次重要的革命总结为:发生在 7 万年前的认知革命、1.2 万年前的农业革命和 500 年前的科技革命。认知革命让人类创造了自己的语言,学会了合作;农业革命让人类定居下来,不再朝不保夕;而科技革命让人类加速奔跑和发展的同时,也加速着对地球的破坏。

联合国政府间气候变化专门委员会的气候报告《气候变化 2021:自然科学基础》显示:工业革命以来,现代社会对化石燃料的持续依赖而产生的温室气体正在以过去 2 000 年来前所未有的速度使全球变暖:创纪录的干旱、野火和洪水摧毁着世界各地。据统计,2011—2020 年的 10 年间,全球地表温度比 1850—1900 年的 50 年间高 1.09℃,这是自 12.5 万年前冰河时代以来从未见过的水平,过去 5 年也是自 1850 年有记录以来最热的 5 年。全球升温或在未来 20 年达到 1.5℃临界值。为此,2015 年

林学的未来

通过《巴黎协定》，国际社会同意将 21 世纪全球气温上升幅度控制在比工业化前水平高 2.0℃以内，并努力将气温上升限制在 1.5℃以内。如果这一临界值被打破，北极海冰消失、珊瑚礁大规模灭绝以及富含甲烷的永久冻土融化等现象将可能出现，地球生态系统将发生永久性转变。极端天气会越来越多，极端高温对农业发展更是致命打击。

因此，人类还能走多远，取决于人类如何在最快速度和多大范围内应对气候变化。引起气候系统变化的原因无外乎自然的气候波动与人类活动影响。而纵观人类发展历史和森林变化史，人类活动影响则包括战争（冷兵器时代）、燃烧化石燃料、毁林以及工农业活动引起的大气中温室气体浓度的增加、陆地覆盖和土地利用的变化等。因此，人类对气候变化有着不可推卸的责任。为此，国际上提出了应对气候变化，降低大气中二氧化碳含量的两大途径：工业直接减排和森林碳汇间接减排。在这种背景下，森林碳汇间接减排成为全球应对气候变化的重要战略，通过森林的光合作用，把二氧化碳转化为碳水化合物，以生物量的形式固定贮存下来。森林是维护整个生态系统运转的基础，森林和林产品能够截获和储存碳以减缓气候变化的影响，并提供生物能源替代化石燃料，减缓气候灾害的影响,提供各种林产品保证人类生存,因此,植树造林、合理经营和保护森林,是延缓全球气候变暖的良方,也是实现森林永续发展的必由之路。

▶▶ 山水林田湖草沙——自然有你

森林、草原、湿地等生态系统在生态服务功能方面发挥着极为重要的作用。全球陆地生态系统中约储存了2.48万亿吨碳,其中1.15万亿吨碳储存在森林生态系统中。林木每生长1立方米,平均约吸收1.83吨二氧化碳,释放1.62吨氧气。与工业直接减排相比,森林碳汇投资少、代价低、综合效益大,更加具有经济可行性和现实操作性。第九次全国森林资源清查数据显示,我国森林植被总碳储量91.86亿吨,其中80%以上的贡献来自天然林。"十三五"以来,全国累计完成防沙治沙任务880万公顷,昔日的"沙进人退"变成了如今的"绿进沙退",但我国沙地沙漠生态修复治理形势依然严峻。

坚定不移走生态优先、绿色发展之路,统筹推进山水林田湖草沙一体化保护和系统治理,已成为国策;科学开展国土绿化,提升林草资源总量和质量,巩固和增强生态系统碳汇能力,已成为绿色发展的共识。加强生态文明

林学的未来

建设,实现生态环境的彻底改善,目前已经到了由量变到质变的关键时期。在此基础上,为推动全球环境和气候治理、建设人与自然和谐共生的现代化做出更大贡献。这是习近平生态文明思想的理论内涵,体现了山水林田湖草沙系统治理思想在当前社会主义生态文明建设中的重要地位。

黄河流域生态保护和高质量发展、长江经济带生态环境保护修复、京津冀生态安全屏障建设、科尔沁沙地生态治理等,无不体现着山水林田湖草沙共治、人与自然和谐共生的生命共同体理念。中共中央办公厅、国务院办公厅联合印发的《关于全面推行林长制的意见》强调,实施生态保护修复重大工程,复苏河湖生态环境,加强天然林保护修复,草原休养生息。科学推进国土绿化,实施生物多样性保护重大工程,构建以国家公园为主体的自然保护地体系。在可以预见的未来,我们身边会出现更多国家级的森林公园,会有更多野生动物在森林中出没。

林草兴则生态兴。党的十八大以来,习近平同志连续10年参加义务植树活动,他认为这既是为建设美丽中国出一份力,也是在青少年心中播撒生态文明的种子。山水林田湖草沙综合治理,就从每人手植一份绿,绿色低碳生活方式做起!

参考文献

[1] 陈钦，潘辉，杜林盛. 试论林业现代化发展阶段的划分[J]. 中国林业经济，2006(06)：23-26.

[2] 李莉. 中国林业史[M]. 北京：中国林业出版社，2017.

[3] 梁希. 梁希文集[M]. 北京：中国林业出版社，1983.

[4] 陶炎. 中国森林的历史变迁[M]. 北京：中国林业出版社，1994.

[5] 贺庆棠. 现代林学、森林与林业[J]. 中南林院学报，2001，21(1)：15-16.

[6] 崔海兴，吴栋，霍鹏. 森林与人类文明发展的关系分析[J]. 林业经济，2017，39(9)：16-20.

[7] 朱志文. 新时代对构建野生动植物保护新格局的思考[J]. 国家林业和草原局管理干部学院学报，2021，2：19-24.

[8] 陈晓利，王子彦. 论徐光启《农政全书》中的农业生态哲学思想[J]. 科学技术哲学研究，2012，29(5)：88-92.

[9] 木基元. 中国现代林业教育的先驱者张海秋及其白语研究[J]. 西南林业大学学报(社会科学)，2004(08)：8-13.

[10] 党锐锋，徐琛. 论生态文明建设与中国式现代化道路[J]. 决策与信息，2022(10)：5-16.

[11] 冯雪红，郑佳琪. 中国森林文化研究述评[J]. 南宁师范大学学报(哲学社会科学版)，2021，42(4)：37-45.

[12] 刘效东，张卫强，冯英杰，等. 森林生态系统水源涵养功能研究进展与展望[J]. 生态学杂志，2022，41(4)：784-791.

[13] 马忠良. 中国森林的变迁[M]. 北京：中国林业出版社，1997.

[14] 吴孝元，吴旭冬，郭桂芬. 浅谈森林康养与森林资源的开发利用[J]. 现代园艺，2020，43(24)：149-150.

[15] 陈嵘. 中国森林史料[M]. 北京：中国林业出版社，1983.

[16] 王韩民，陈蓬. 发挥森林多重功能服务和谐社会建设[J]. 林业经济，2006(10)：37-40.

[17] 吴季松. 生态文明建设[M]. 北京：北京航空航天大学出版社，2016.

[18] 余凯. 森林培育技术的发展趋势及管理措施探究[J]. 中国林业产业，2022(04)：60-61.

[19] 张守攻，张建国. 我国工业人工林培育现状及其在林业建设中的战略意义[J]. 中国农业科技导报，2000(01)：32-35.

[20] 周生贤. 论以生态建设为主的林业发展战略[J]. 中国林业产业，2004(08)：8-13.

[21] 赵忠. 林学概论[M]. 北京：中国农业出版社，2007.

[22] 王安国，郝畅. "碳达峰、碳中和"形势分析及启示[J]. 盐科学与化工，2022，51(3)：1-4.

[23] 张佳欣，付丽丽. 地球温度12万年来最高降温行动刻不容缓[N]. 科技日报，2021-08-11(4).

[24] 邵华. 科学、实践与政治：近代林学家陈嵘的造林事业与林学理论[J]. 农业考察，2021，1：147-154.

[25] 韩扬眉. 中国工程院发布《我国碳达峰碳中和战略及路径》成果[N]. 中国科学报，2022-04-01(1).

[26] 晏俊杰，齐联. 林业产业助力乡村振兴的现实困境与实践路径[J]. 林产工业，2022，59(03)：66-68.

[27] 中国林业教育培训考察团. 借鉴德国经验搞好我国林业培训工作：德国林业教育培训考察报告[J]. 北京林业管理干部学院学报，2002(3)：3-10.

[28] BLANCHARD G，MUNOZ F，IBANEZ T，et al. Regional rainfall and local topography jointly drive tree community assembly in lowland tropical forests of New Caledonia[J]. Journal of Vegetation Science，2019，30(5)：845-856.

[29] SILVA L A，VALLADARES F，BENAVIDES R，et al. Functional Diversity and Assembly Rules of Two Deciduous Seasonal Forests in Southeastern Brazil[J]. Forest Science，2021，67(5)：514-524.

后　记

　　本书付梓之际,我内心并未觉得轻松,依然有诸多想说但未说清楚的东西,毕竟人类历史车轮滚滚向前,新技术新事物层出不穷,限于编者的能力和本文篇幅,很难将过去和现在的东西说得面面俱到,更何况尚未发生的事件。让我感到欣慰的是,现在有更多的文艺作品开始展现我国在林业事业上取得的伟大成就和贡献。电视剧《最美的青春》展现了三代塞罕坝人奉献青春,在沙漠中创造出百万亩林海的奇迹;《青山不墨》同样展现了三代林业人浴火涅槃,在小兴安岭林区创业、改革、转型的事迹。正所谓前人栽树,后人乘凉,希望本书能尽微薄之力,启蒙更多热爱林业、热爱自然的学子,加入林人大家庭,成为那一片片新绿,叠加出更多的森林,将美的艺术和技艺在祖国大地和绿水青山中充分应用和实践，为实现中华民族永续发展贡献出自己的力量。感谢北京林业大学森林培育学科负责人贾黎明教授在本书大纲撰写中给予的宝贵建议，感谢张新娜副教授倾情加入本书的撰写，感谢研究生刘佳丽、杨沛欣、田琴等协助查阅资料，并以自身学习经历真实还原林学学子的学习、实践和生活；感谢研究生徐晴、张碧嘉协助文字编辑工作，在此一并致以谢忱！

编者　张凌云

2022 年 10 月 28 日

"走进大学"丛书书目

什么是地质？ 殷长春 吉林大学地球探测科学与技术学院教授（作序）
           曾　勇 中国矿业大学资源与地球科学学院教授
           首届国家级普通高校教学名师
           刘志新 中国矿业大学资源与地球科学学院副院长、教授
什么是物理学？ 孙　平 山东师范大学物理与电子科学学院教授
           李　健 山东师范大学物理与电子科学学院教授
什么是化学？ 陶胜洋 大连理工大学化工学院副院长、教授
           王玉超 大连理工大学化工学院副教授
           张利静 大连理工大学化工学院副教授
什么是数学？ 梁　进 同济大学数学科学学院教授
什么是大气科学？ 黄建平 中国科学院院士
           国家杰出青年基金获得者
           刘玉芝 兰州大学大气科学学院教授
           张国龙 兰州大学西部生态安全协同创新中心工程师
什么是生物科学？ 赵　帅 广西大学亚热带农业生物资源保护与利用国家重点
           实验室副研究员
           赵心清 上海交通大学微生物代谢国家重点实验室教授
           冯家勋 广西大学亚热带农业生物资源保护与利用国家重点
           实验室二级教授
什么是地理学？ 段玉山 华东师范大学地理科学学院教授
           张佳琦 华东师范大学地理科学学院讲师
什么是机械？ 邓宗全 中国工程院院士
           哈尔滨工业大学机电工程学院教授（作序）
           王德伦 大连理工大学机械工程学院教授
           全国机械原理教学研究会理事长
什么是材料？ 赵　杰 大连理工大学材料科学与工程学院教授

什么是自动化？ 王　伟　大连理工大学控制科学与工程学院教授
　　　　　　　　　国家杰出青年科学基金获得者（主审）

　　　　　王宏伟　大连理工大学控制科学与工程学院教授

　　　　　王　东　大连理工大学控制科学与工程学院教授

　　　　　夏　浩　大连理工大学控制科学与工程学院院长、教授

什么是计算机？ 嵩　天　北京理工大学网络空间安全学院副院长、教授

什么是土木工程？

　　　　　李宏男　大连理工大学土木工程学院教授
　　　　　　　　　国家杰出青年科学基金获得者

什么是水利？ 张　弛　大连理工大学建设工程学部部长、教授
　　　　　　　　　国家杰出青年科学基金获得者

什么是化学工程？

　　　　　贺高红　大连理工大学化工学院教授
　　　　　　　　　国家杰出青年科学基金获得者

　　　　　李祥村　大连理工大学化工学院副教授

什么是矿业？ 万志军　中国矿业大学矿业工程学院副院长、教授
　　　　　　　　　入选教育部"新世纪优秀人才支持计划"

什么是纺织？ 伏广伟　中国纺织工程学会理事长（作序）

　　　　　郑来久　大连工业大学纺织与材料工程学院二级教授

什么是轻工？ 石　碧　中国工程院院士
　　　　　　　　　四川大学轻纺与食品学院教授（作序）

　　　　　平清伟　大连工业大学轻工与化学工程学院教授

什么是海洋工程？

　　　　　柳淑学　大连理工大学水利工程学院研究员
　　　　　　　　　入选教育部"新世纪优秀人才支持计划"

　　　　　李金宣　大连理工大学水利工程学院副教授

什么是航空航天？

　　　　　万志强　北京航空航天大学航空科学与工程学院副院长、教授

　　　　　杨　超　北京航空航天大学航空科学与工程学院教授
　　　　　　　　　入选教育部"新世纪优秀人才支持计划"

什么是生物医学工程？

　　　　　万遂人　东南大学生物科学与医学工程学院教授
　　　　　　　　　中国生物医学工程学会副理事长（作序）

　　　　　邱天爽　大连理工大学生物医学工程学院教授

　　　　　刘　蓉　大连理工大学生物医学工程学院副教授

　　　　　齐莉萍　大连理工大学生物医学工程学院副教授

什么是食品科学与工程?

| | 朱蓓薇 | 中国工程院院士 |
| | | 大连工业大学食品学院教授 |

什么是建筑? 　齐　康　中国科学院院士
　　　　　　　　　东南大学建筑研究所所长、教授(作序)

　　　　　唐　建　大连理工大学建筑与艺术学院院长、教授

什么是生物工程? 贾凌云　大连理工大学生物工程学院院长、教授
　　　　　　　　　入选教育部"新世纪优秀人才支持计划"

　　　　　袁文杰　大连理工大学生物工程学院副院长、副教授

什么是哲学? 　林德宏　南京大学哲学系教授
　　　　　　　　　南京大学人文社会科学荣誉资深教授

　　　　　刘　鹏　南京大学哲学系副主任、副教授

什么是经济学? 原毅军　大连理工大学经济管理学院教授

什么是社会学? 张建明　中国人民大学党委原常务副书记、教授(作序)

　　　　　陈劲松　中国人民大学社会与人口学院教授

　　　　　仲婧然　中国人民大学社会与人口学院博士研究生

　　　　　陈含章　中国人民大学社会与人口学院硕士研究生

什么是民族学? 南文渊　大连民族大学东北少数民族研究院教授

什么是公安学? 靳高风　中国人民公安大学犯罪学学院院长、教授

　　　　　李姝音　中国人民公安大学犯罪学学院副教授

什么是法学? 　陈柏峰　中南财经政法大学法学院院长、教授
　　　　　　　　　第九届"全国杰出青年法学家"

什么是教育学? 孙阳春　大连理工大学高等教育研究院教授

　　　　　林　杰　大连理工大学高等教育研究院副教授

什么是体育学? 于素梅　中国教育科学研究院体卫艺教育研究所副所长、研究员

　　　　　王昌友　怀化学院体育与健康学院副教授

什么是心理学? 李　焰　清华大学学生心理发展指导中心主任、教授(主审)

　　　　　于　晶　曾任辽宁师范大学教育学院教授

什么是中国语言文学?

　　　　　赵小琪　广东培正学院人文学院特聘教授
　　　　　　　　　武汉大学文学院教授

　　　　　谭元亨　华南理工大学新闻与传播学院二级教授

什么是历史学? 张耕华　华东师范大学历史学系教授

什么是林学? 　张凌云　北京林业大学林学院教授

　　　　　张新娜　北京林业大学林学院副教授

什么是动物医学？ 陈启军　沈阳农业大学校长、教授
　　　　　　　　　　　国家杰出青年科学基金获得者
　　　　　　　　　　　"新世纪百千万人才工程"国家级人选
　　　　　　　高维凡　曾任沈阳农业大学动物科学与医学学院副教授
　　　　　　　吴长德　沈阳农业大学动物科学与医学学院教授
　　　　　　　姜　宁　沈阳农业大学动物科学与医学学院教授
什么是农学？　　陈温福　中国工程院院士
　　　　　　　　　　　沈阳农业大学农学院教授（主审）
　　　　　　　于海秋　沈阳农业大学农学院院长、教授
　　　　　　　周宇飞　沈阳农业大学农学院副教授
　　　　　　　徐正进　沈阳农业大学农学院教授
什么是医学？　　任守双　哈尔滨医科大学马克思主义学院教授
什么是中医学？　贾春华　北京中医药大学中医学院教授
　　　　　　　李　湛　北京中医药大学岐黄国医班（九年制）博士研究生
什么是公共卫生与预防医学？
　　　　　　　刘剑君　中国疾病预防控制中心副主任、研究生院执行院长
　　　　　　　刘　珏　北京大学公共卫生学院研究员
　　　　　　　么鸿雁　中国疾病预防控制中心研究员
　　　　　　　张　晖　全国科学技术名词审定委员会事务中心副主任
什么是药学？　　尤启冬　中国药科大学药学院教授
　　　　　　　郭小可　中国药科大学药学院副教授
什么是护理学？　姜安丽　海军军医大学护理学院教授
　　　　　　　周兰姝　海军军医大学护理学院教授
　　　　　　　刘　霖　海军军医大学护理学院副教授
什么是管理学？　齐丽云　大连理工大学经济管理学院副教授
　　　　　　　汪克夷　大连理工大学经济管理学院教授
什么是图书情报与档案管理？
　　　　　　　李　刚　南京大学信息管理学院教授
什么是电子商务？李　琪　西安交通大学经济与金融学院二级教授
　　　　　　　彭丽芳　厦门大学管理学院教授
什么是工业工程？郑　力　清华大学副校长、教授（作序）
　　　　　　　周德群　南京航空航天大学经济与管理学院院长、二级教授
　　　　　　　欧阳林寒　南京航空航天大学经济与管理学院研究员
什么是艺术学？　梁　玖　北京师范大学艺术与传媒学院教授
什么是戏剧与影视学？
　　　　　　　梁振华　北京师范大学文学院教授、影视编剧、制片人
什么是设计学？　李砚祖　清华大学美术学院教授
　　　　　　　朱怡芳　中国艺术研究院副研究员